高等教育创新融合教材

SolidWorks三维设计与应用

▶ 张东明 陆毅华 季阳萍 主编

▶ 李 冰 主审

SolidWorks SANWEI SHEJI
YU YINGYONG

U0194466

化学工业出版社
·北 京·

内 容 简 介

本书内容包括三维设计基础、三维设计进阶、三维设计的应用、部件测绘等，介绍了三维设计的基本方法和技术要领，注重与工程实践的紧密联系，力求贴近生产实际。书中内容由浅入深，循序渐进，符合学生的认知规律。为方便教学，本书配套视频和案例源文件。

本书可作为高等院校机械设计制造及其自动化、机械电子工程、机器人工程等专业三维设计应用相关课程的教材，也可供SolidWorks学习者参考。

图书在版编目（CIP）数据

SolidWorks三维设计与应用/张东明，陆毅华，季阳萍主编. —北京：化学工业出版社，2023.8（2024.11重印）
ISBN 978-7-122-43492-0

Ⅰ．①S…　Ⅱ．①张…②陆…③季…　Ⅲ．①机械设计-计算机辅助设计-应用软件-高等学校-教材
Ⅳ．①TH122

中国国家版本馆CIP数据核字（2023）第087126号

责任编辑：韩庆利　旷英姿　杨　琪　　　　　　　　装帧设计：史利平
责任校对：李　爽

出版发行：化学工业出版社（北京市东城区青年湖南街13号　邮政编码100011）
印　　装：河北鑫兆源印刷有限公司
787mm×1092mm　1/16　印张7　字数171千字　2024年11月北京第1版第2次印刷

购书咨询：010-64518888　　　　　　　　　　　　售后服务：010-64518899
网　　址：http://www.cip.com.cn

凡购买本书，如有缺损质量问题，本社销售中心负责调换。

定　　价：28.00元

近年来，高等院校本科层次诸多专业都开设了三维设计应用相关课程，如机械设计制造及其自动化、机械电子工程、机器人工程等专业，机械装备三维设计能力越来越成为工程设计人员需要具备的基本技能之一，各个专业也在不断改革课程，优化教学内容，目的是拓展学生知识面，使学生的设计技能更好地与就业相结合。目前图书市场上基于SolidWorks三维设计教程的内容繁多，但侧重于工程应用实践的内容相对较少，适合作为高校CAD/CAM方面教学的教材并不多。学校迫切需要一本以工程实践设计为导向，并且内容注重与生产应用相结合的教材用于教学实践。

本书介绍了三维设计的基本方法和技术要领，内容注重与工程实践的紧密联系，力求达到更贴近生产的目的，使学生对本门课程的学习能更好地学以致用。特点如下。

1. 内容由浅入深，循序渐进，符合学生的认知规律。语言简洁，通俗易懂，图文并茂，以图助文。

2. 更注重理论与工程实践的结合，使用工程实际中具有代表性的零件，通过所选零件的模型设计过程，将三维设计中的零散知识点串联成线，以引起学习者的学习兴趣。

3. 实践部分选用具有较丰富零件特征的齿轮油泵作为模型，其工程应用广泛，难易程度适中，教学目的性强。

4. 每章插图都由参编人员亲自绘制，设计方法简单有效。

5. 理论部分层层递进，第1章、第2章内容适合初学者快速上手，第3章、第4章内容适合与工程实践应用紧密结合，便于把所学知识快速应用于实践中。

参加编写的人员有张东明、陆毅华、季阳萍、梅运东，全书由李冰主审。

由于编者水平有限，书中难免存在疏漏，敬请广大读者批评指正。

编　者

目 录

概述   **1**

第1章   **3**
三维设计基础
1.1 ▶ 走进三维设计 ·· 3
1.2 ▶ 新手入门——钟表模型 ································· 5
1.3 ▶ 牛刀初试——轮式机器人模型 ···················· 16

第2章   **43**
三维设计进阶
2.1 ▶ 草图的完全定义与准确性 ························· 43
2.2 ▶ 快捷键与快速性 ··································· 48
2.3 ▶ 建模方法的多样性 ······························ 50
2.4 ▶ 建模的步骤与规范性 ···························· 52

第3章   **59**
三维设计的应用
3.1 ▶ 从三维模型到工程图 ····························· 59
3.2 ▶ 钣金 ··· 68
3.3 ▶ 焊件 ··· 75

第4章   **82**
部件测绘
4.1 ▶ 实践项目1：SolidWorks长轴建模 ·············· 82
4.2 ▶ 实践项目2：SolidWorks泵盖建模 ·············· 88
4.3 ▶ 实践项目3：SolidWorks主动齿轮建模 ········· 94
4.4 ▶ 实践项目4：SolidWorks齿轮油泵装配过程 ···· 97

参考文献   **107**

概述

大量使用三维设计软件的行业主要有建筑行业、影视行业和机械行业。建筑行业使用的三维设计软件主要包括天正建筑、REVIT、SketchUp、中望CAD、AutoCAD等；影视动漫行业使用的三维设计软件主要包括3D Max、MAYA、C4D和Houdini等；机械行业使用的三维设计软件主要包括UG、CATIA、CAXA、Creo（Pro/E）、SolidWorks、Inventor、Solid-Edge、AutoCAD等。

目前，国内被众多高校认可的三维设计竞赛是全国大学生先进成图技术与产品信息建模创新大赛，由教育部高等学校工程图学课程教学指导委员会、中国图学学会制图技术专业委员会和中国图学学会产品信息建模专业委员会主办，通常于每年的8月份举行。该赛事基本在所有省份都有对应的省级赛事，充分发挥了以赛促教、以赛促学、以赛促训、以赛促用的作用，在全国范围内极大地推动着工程图学的发展，以及间接影响并提高了众多高校工程制图课程的教学质量。由于CAD和工程制图是众多机械类专业的基础课程，经历过该赛事的学生能在计算机辅助设计（CAD）方面打下非常扎实的功底，在后续的专业学习和选择上也往往更具优势。例如，华南理工大学参加该赛事并获奖的学生，在进入大学二年级时会被优先选中并进入该校的（华南虎）机器人实验室机械组（该机器人团队在2017年和2018年均获RoboMaster机甲大师赛全国总冠军）。

全国大学生先进成图技术与产品信息建模创新大赛的竞赛类别包括机械类、建筑类、水利类和道桥类。其中，机械类可选的三维设计软件包括Creo(Pro/E)、SolidWorks、Inventor、SolidEdge和AutoCAD，并且使用SolidWorks参赛的学生队伍的比例超过60%。在该赛事的机械类竞赛大纲中，对三维建模（计算机绘图）部分的要求如下。

使用三维设计软件，根据已知的零件轴测图或装配图（拆画），绘制其二维零件图；根据已知的二维零件图、轴测图或装配图（装配草图）建立零件的三维模型并按要求进行装配，生成二维工程图，需要掌握以下相关知识。

（1）草图设计。掌握草图绘制的基本技能（包括二维草图绘制、三维草图绘制、草图约束、草图编辑、标注尺寸等）。

（2）三维建模。掌握三维建模的基本方法和步骤（包括基本特征的绘制及编辑；拉伸、旋转、切除、打孔、倒角、圆角、阵列、扫描、放样、抽壳、钣金等基本操作，添加各种辅助平面、轴线和点）。

（3）曲线、曲面造型。要求掌握各种三维曲面（曲线）的建模方法（包括拉伸曲面、旋转曲面、扫描曲面、放样曲面、填充曲面、等距曲面和曲面编辑等；螺旋线、分割线、投影线、组合曲线和曲线编辑等）。

（4）装配建模。掌握"自上而下"或"自下而上"的装配方法，添加各种装配约束关系（包括零件装配约束、配置等；零件阵列、装配体的剖切、爆炸、动画等）。掌握用软件自带的标准件库添加各种标准件的方法。

（5）工程图的绘制。掌握由二维软件绘制零件图的方法；三维模型生成二维工程图（零件图和装配图）的方法及对工程图进行编辑，使其符合国家标准对工程图样的要求。

（6）模型渲染。要求掌握三维模型的着色、渲染技能（包括贴图、贴材质、模型渲染和设置等）。

（7）其它。解决建模（装配）过程中出现的各种错误，如草图过定义、装配干涉。确定零件的材料、体积、重量、表面积、重心等。能够使用方程式解决零件尺寸的关联关系，建立各种标准件、常用件，如螺栓、弹簧、齿轮等的三维模型。

参考该赛事给出的知识要求，学生可逐步掌握较为全面的三维设计技能，或针对该赛事的题目进行训练，培养具有规范性且高效的三维建模习惯。

各种三维设计软件，功能大同小异，其本质是在软件里将物体的三维模型构建出来，其关键是如何构建，即①先构建哪个特征，后构建哪个特征；②构建每个特征的草图应该如何绘制。

对于后期构建物体的三维模型，特别是复杂的机械零件，首先要做的是，要对零件的类别进行判别，是整体式零件，还是分体式零件。整体式零件：其整个模型是一大块材料，难以明显把模型分成几块规整的部分；分体式的零件：是可以比较明显判别出模型是由一个一个的结构组合而成的。

如果是分体式零件，则逐步添加材料来构建；如果是整体式零件，则在第一步就添加一块足够大的材料，然后再经过多次的切除得到最终的模型。判别对了，总体思路就正确了，建模过程中可能有小波折，但是大方向不会有问题。

相对于 Inventor 及其它机械类三维设计软件，SolidWorks 更加容易上手，其使用体验较佳。本书后续采用 SolidWorks 软件对三维设计软件的通用功能及三维设计的思路做深入浅出的讲解。

第1章 三维设计基础

在本章里，将基于钟表模型和轮式机器人模型构建两个案例，对SolidWorks草图绘制、三维建模和装配等相关功能进行讲解，让初学者做到在短时间内从入门到熟练。在学习完钟表模型构建后，就可以对三维建模有个初步的总体认识；在学习完轮式机器人模型构建后，应该对三维建模、设计流程有较为深刻的认识。两个案例均是针对新手学习SolidWorks的常用功能而专门设置的。

本章建议的学习时长如下。

（1）1.1节（走进三维设计）和1.2节（新手入门——钟表模型）的学习总时间不超过4h。

（2）1.3节（牛刀初试——轮式机器人模型）的外购件建模部分，学习时间不超过3h；加工件建模部分，学习时间不超过3h；装配部分，学习时间不超过2h。

（3）上述时间为初次学习者的参考时间，多次练习掌握SolidWorks相关功能和操作后，达到熟练操作的程度参考如下标准：15min完成钟表案例的三维建模和装配；20min完成轮式机器人模型主要部件的三维建模，15min完成轮式机器人模型主要零部件的装配。

1.1 走进三维设计

本书采用SolidWorks 2022版进行演示。2016版及其之后的SolidWorks软件版本，应安装在64位的Windows操作系统上，不能安装在iOS系统上。正确安装软件后按如下操作进入软件的主界面。

（1）双击SolidWorks的图标![sw]打开软件，初始界面如图1-1所示。

图1-1　SolidWorks初始界面

（2）单击菜单栏上的【新建】按钮，选择新建一个零件文件，如图1-2所示；单击"确定"按钮，进入软件的主界面，如图1-3所示。

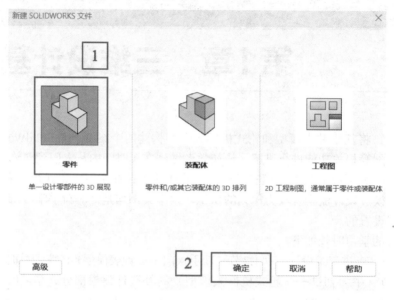

图1-2　选择新建一个零件文件

图1-3　SolidWorks的主界面

主界面包含菜单栏、命令栏、设计树、图形区域、前导工具栏、任务窗格、状态栏等。

① 菜单栏：包含新建文件、保存文件、撤销步骤、零件名等项目。

② 命令栏：后续绘制草图和选择特征命令，均在命令栏里选取对应的命令进行。

③ 设计树：设计树显示三个基准面和一个原点；后续建模的所有步骤，均会以时间的先后顺序在设计树里记录；原点是图形空间里唯一一个位置确定的点，它在$X/Y/Z$轴的位置是（0，0，0）。

④ 图形区域：三个基准面两两垂直；画草图前，需要先选择一个基准面，才能画草图。

⑤ 前导工具栏：学习基础性内容时，只需要用到整屏显示和剖切等功能。

⑥ 任务窗格：一般在上色或出工程图的时候才会用到。

⑦ 状态栏：显示当前的状态，包括软件版本、出错报警等。

各部分详细的介绍在后续的案例讲解中逐一给出。SolidWorks的基本操作视频请参考本书附带视频"SolidWorks入门基本操作"，可扫二维码观看。

SolidWorks
入门基本
操作

1.2　新手入门——钟表模型

在本节里，我们直接利用SolidWorks软件将一个简单的钟表模型构建出来。借助这个钟表模型，我们将简介SolidWorks软件常用的【草图】、【特征】和【装配】功能，以在短时间内对软件的常用基本功能有基本认识。

下面对钟表模型进行建模。下述草图绘制、特征和装配，不同的人在实际操作过程中可能会出现跟图文描述不一致的情况。由于本案例是第一个演示案例，建议严格按照描述的步骤进行，鼠标不要有其它任何多余的操作，目的是在零基础的情况下，减少学习的障碍，快速将草图、特征和装配的功能都完整练习一遍，以在短时间内产生深刻的认识。如果在建模过程中出现了错误或无法继续操作的情况，建议新建文件重新进行操作。

在零件建模的环境里，常用的鼠标操作功能如下。

（1）零件的旋转：在图形区域按住鼠标滚轮不放开的同时，移动鼠标。

（2）零件的缩放：滚动鼠标滚轮。

（3）零件的平移：同时按下键盘上"Ctrl"键和鼠标滚轮，并移动鼠标。

钟表包含四个简单的零件：表盘、时针、分针和转轴，如图1-4所示。在未熟练操作前，构建零件中的某个结构，遵循三维建模的六个标准步骤。

时针　　转轴　　分针

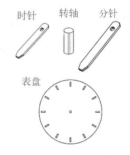

表盘

钟表的
三维建模

图1-4　钟表

（1）步骤一：在设计树里用鼠标左键点选一个基准面（上视/右视/前视）。

（2）步骤二：按一下键盘上的空格键或"Enter"，并正视于该基准面。

（3）步骤三：选择【草图】命令里的【草图绘制】命令，以在刚才选中的面上打开一张草图。

（4）步骤四：选择【草图】里需要的命令，如【直线】、【圆】、【矩形】等命令，根据需要绘制线条。

（5）步骤五：选择【特征】里需要的命令，如【拉伸凸台/基体】、【旋转凸台/基体】等命令，基于刚才绘制的草图进行三维建模。

（6）步骤六：完成命令的使用，确认并单击对钩退出该命令，完成一个结构的构建。

重复上述六个步骤，完成零件每个结构的构建，从而完成该零件所有结构的建模。

钟表案例所有零件的建模过程，可参考本书附带视频"钟表的三维建模"。

1.2.1 转轴的建模

转轴的结构，是一个圆柱体，可认为是一个直径为1mm的圆形草图通过拉伸2.5mm形成该形状。构建的顺序是先使用【圆】绘制一个圆形草图，然后使用【拉伸凸台/基体】构建转轴的三维模型。执行上述六个标准步骤，具体操作如下。

（1）步骤一：新建一个零件文件，在设计树里用鼠标左键选择【上视基准面】
▧ 上视基准面，如图1-5所示。

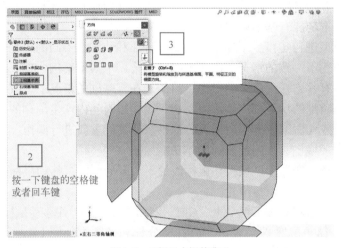

图1-5 正视于上视基准面

（2）步骤二：按键盘上的空格键，图形区域会弹出一个小窗口，单击该窗口上的【正视于】图标 ⚓，让上视基准面正对屏幕，以方便观察。

（3）步骤三：选择【草图】命令里的【草图绘制】命令 📝，在刚才选中的面上打开一张草图。

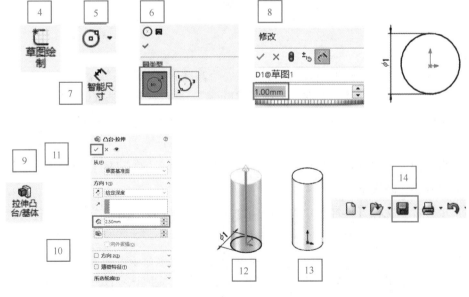

图1-6 转轴的建模过程

（4）步骤四：选择【草图】命令里的【圆】命令 ⊙ ，并在设计树区域选择中心圆，然后将鼠标移动到图形区域的原点上，单击鼠标后（按一下鼠标左键并放开），移动鼠标到合适的距离，再单击鼠标，即完成在上视基准面上绘制一个圆。

绘制圆完成后，需要标注圆的大小。将鼠标移动到【草图】里，单击【智能尺寸】命令 ，鼠标的图标旁边会出现一个尺寸标注的符号；此时用鼠标单击刚才绘制的圆的圆周，会弹出一个小窗口，在该窗口的输入框里输入1mm，即表示将该圆的直径定义为1mm。

（5）步骤五：选择【特征】里的【拉伸凸台/基体】命令 ，在图形区域会显示拉伸后的预览效果；在左边【凸台-拉伸】的属性栏里，输入拉伸的深度为2.5mm。

（6）步骤六：单击【凸台-拉伸】属性栏里的绿色对钩，完成并退出【拉伸凸台/基体】命令。

至此，即完成了转轴的三维模型，如图1-6所示。把鼠标移动到图形区域，将鼠标的滚轮按下去不放开的同时移动鼠标，可以对模型进行旋转操作；单击菜单栏上的"保存"按钮 ，把转轴保存到桌面上，并命名为"转轴"。

1.2.2 时针和分针的建模

时针和分针的结构，是一个很薄的长方体，可以认为是一个长方形拉伸0.5mm而成。长方体的四条竖边都做了倒角，使得针看起来是尖的；长方体一端挖了一个小孔，用于后期套转轴。时针的三维建模顺序是，先使用【拉伸凸台/基体】构建针体，然后使用【拉伸切除】形成轴孔，最后使用【倒角】将针的两端变成有尖端的效果。执行上述六个标准步骤绘制时针，具体操作如下。

（1）步骤一：新建一个零件文件，并在设计树里选择【上视基准面】。

（2）步骤二：按键盘上的空格键，单击该窗口上的【正视于】图标，让上视基准面正对屏幕，以方便观察。

（3）步骤三：选择【草图】命令里的【草图绘制】命令，在刚才选中的面上打开一张草图。

（4）步骤四：选择【草图】命令里的【矩形】命令 ，并选择中心矩形；然后将鼠标移动到图形区域的原点上，单击鼠标后，移动鼠标到合适的距离，再单击鼠标，即完成在上视基准面上绘制一个矩形。

绘制矩形完成后，需要标注矩形的大小。将鼠标移动到【草图】里，单击【智能尺寸】命令，鼠标的图标旁边会出现一个尺寸标注的符号；此时用鼠标单击刚才绘制的矩形的竖直边，会弹出一个小窗口，在该窗口的输入框里输入12mm；单击对钩关闭小窗口后，用鼠标再单击矩形的水平边，在弹出的小窗口的输入框里输入2mm；至此，绘制了一个大小为12mm×2mm的矩形。

（5）步骤五：选择【特征】里的【拉伸凸台/基体】命令，在图形区域会显示拉伸后的预览效果；在左边【凸台-拉伸】的属性栏里，输入拉伸的深度为0.5mm，如图1-7所示。

（6）步骤六：单击【凸台-拉伸】属性栏里的绿色对钩，完成并退出【拉伸凸台/基体】命令。

上述步骤完成了时针针体的构建，接下来绘制针体上的轴孔，步骤如下。

（1）步骤一：用鼠标在图形区域单击选中时针针体的前表面（表示接下来的草图会绘制在该表面上），如图1-8所示。

（2）步骤二：按键盘上的空格键，单击该窗口上的【正视于】图标，让时针针体的前表面正对屏幕，以方便观察。

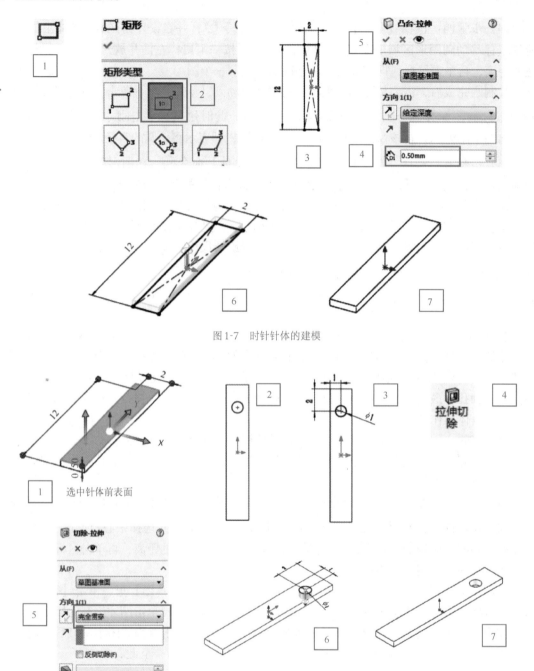

图1-7 时针针体的建模

图1-8 时针轴孔的绘制

（3）步骤三：选择【草图】命令里的【草图绘制】命令，在刚才选中的面上打开一张草图。

（4）步骤四：选择【草图】命令里的【圆】命令，然后将鼠标移动到时针表面的上部区域，单击鼠标后，移动鼠标到合适的距离，再单击鼠标，即完成在上视基准面上绘制一个圆。

绘制圆完成后，需要标注圆的大小和位置。将鼠标移动到【草图】里，单击【智能尺寸】命令，鼠标的图标旁边会出现一个尺寸标注的符号；此时用鼠标单击刚才绘制的圆的圆周，会弹出一个小窗口，在该窗口的输入框里输入1mm；单击对钩关闭小窗口后，即完成圆的大小的标注，将圆的直径定义为1mm。

接下来标注圆的位置，当鼠标保持在标注【智能尺寸】的状态时，鼠标先选中圆的圆心（鼠标左键单击圆心），再选中时针的竖直边，然后在弹出来的小窗口的输入框里输入1mm（表示圆心到竖直边的距离为1mm）；最后，鼠标单击圆的圆心，再单击时针的水平边，然后在弹出来的小窗口的输入框里输入2mm（表示圆心到水平边的距离为2mm）；至此，即完成圆的位置的标注。

（5）步骤五：选择【特征】里的【拉伸切除】命令，在图形区域会显示切除后的预览效果，如图1-8所示；在左边【切除-拉伸】的属性栏里，选择方向为"完全贯穿"，表示直径1mm的轴孔是完全贯穿整个针体材料的。

（6）步骤六：单击【切除-拉伸】属性栏里的绿色对钩，退出【拉伸切除】命令，完成时针轴孔的绘制。

最后，利用【倒角】的功能对时针进行修饰，步骤如下。

（1）步骤一：选择【特征】里的【倒角】命令，如图1-9所示。

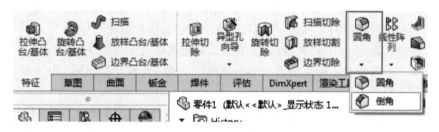

图1-9　特征里的倒角

（2）步骤二：在图形区域按住鼠标滚轮不放开的同时移动鼠标，对针体进行旋转操作，使得轴孔一端的短边可见，并将这两条短边选中，如图1-10所示。

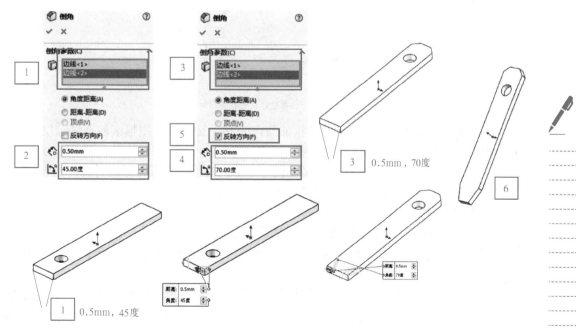

图1-10　时针倒角的建模

（3）步骤三：在【倒角】的属性栏里，在"距离"输入栏上将倒角距离更改为"0.50mm"，在"角度"输入栏里将倒角角度更改为"45.00度"。

（4）步骤四：单击【倒角】属性栏里的绿色对钩，退出【倒角】命令，完成时针上半部分倒角的绘制。

再次执行上述的四个步骤，完成时针下半部分倒角的绘制；时针下半部分倒角的距离为0.50mm，角度为70.00度；如果针体两端倒角的角度方向反了，可以点选"反转方向"的选项□ 反转方向(F)。

至此，完成了时针3个结构的建模：针体、轴孔和装饰性倒角。将构建的零件保存，并命名为"时针"。利用与绘制时针同样的方法绘制分针，分针针体的尺寸为14mm×2mm，其它尺寸数据与时针一致，并保存其零件名字为"分针"。

1.2.3 表盘的建模

表盘由3个结构构成：圆柱体（直径30mm，高度1mm）的盘体，轴孔（直径1mm）和12个均匀分布的时间刻度；其中，盘体和轴孔由【拉伸凸台/基体】命令完成，时间刻度由【拉伸切除】和【线性阵列】完成，下面首先给出完成盘体和轴孔的步骤。

（1）步骤一：新建一个零件文件，并在设计树里选择【上视基准面】。

（2）步骤二：按键盘上的空格键，单击该窗口上的【正视于】图标，让上视基准面正对屏幕，以方便观察。

（3）步骤三：选择【草图】命令里的【草图绘制】命令，在刚才选中的面上打开一张草图。

（4）步骤四：选择【草图】命令里的【圆】命令，并选择中心圆，然后以原点作为圆的圆心，分别绘制直径为30mm和1mm的同心圆，如图1-11所示。

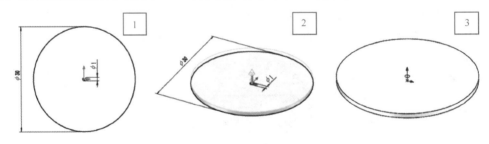

图1-11　表盘盘体和轴孔的绘制

（5）步骤五：选择【特征】里的【拉伸凸台/基体】命令，在图形区域会显示拉伸后的预览效果；在左边【凸台-拉伸】的属性栏里，输入拉伸的深度为1mm，如图1-11所示。

（6）步骤六：单击【凸台-拉伸】属性栏里的绿色对钩，完成并退出【拉伸凸台/基体】命令。在上述步骤中，盘体和轴孔的建模是同时完成的。

下面列出时间刻度的建模过程。

（1）步骤一：用鼠标在图形区域选中盘体的上表面。

（2）步骤二：按键盘上的空格键，单击该窗口上的【正视于】图标，让盘体上表面正对屏幕，以方便观察。

（3）步骤三：选择【草图】命令里的【草图绘制】命令，在刚才选中的面上打开一张草图。

（4）步骤四：选择【草图】命令里的【中心线】命令 中心线(N)，从原点开始绘制一条竖直的中心线，中心线长度为13mm；再选择【矩形】命令，并选择"中心矩形"，在刚才绘制的中心线的上端点处绘制一个2mm×0.5mm的矩形，矩形的几何中心与轴孔的中心的距离为13mm。

（5）步骤五：选择【特征】里的【拉伸切除】命令，在图形区域会显示切除后的预览效果；在左边【切除-拉伸】的属性栏里，输入切除的深度为0.5mm，如图1-12所示。

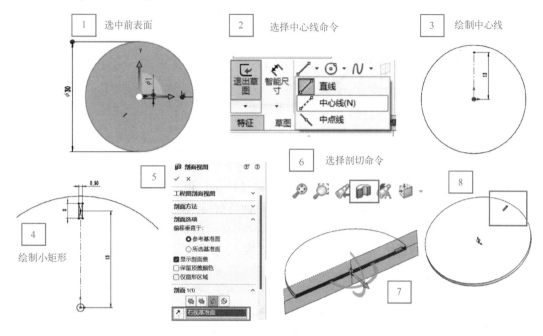

图1-12 首个时间刻度的建模

（6）步骤六：单击【切除-拉伸】属性栏里的绿色对钩，完成并退出【拉伸切除】命令；至此，完成了一个时间刻度的建模；在设计树里选择【右视基准面】，并选择使用前导工具栏的【剖切】命令，可以查看时间刻度的切除特征有没有完全贯穿盘体。

（7）步骤七：选择【特征】里的【圆周阵列】命令 圆周阵列，如图1-13所示。鼠标点选30mm大圆的圆周，将该圆周选为"阵列轴"；鼠标点选刚才构建的时间刻度的底面，将该

图1-13 选择圆周阵列命令

面选为"要阵列的特征";选择"等间距"选项,并将"实例数"设为12个,如图1-14所示;最后单击对钩完成【圆周阵列】命令的使用;至此,完成了表盘时间刻度的三维建模。

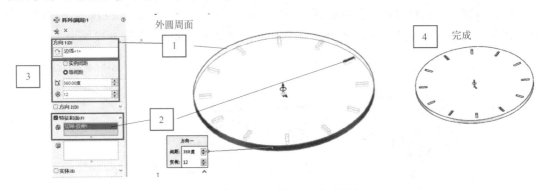

图1-14　使用圆周阵列构建12个时间刻度

上面以较为详细的步骤,展示了【草图】和【特征】相关命令的使用,包括【草图绘制】、【智能尺寸】、【直线】、【矩形】、【圆】、【拉伸凸台/基体】、【拉伸切除】、【倒角】、【圆周阵列】等命令。这些命令皆为三维建模中使用频率高的命令。熟练应用这些命令,即可以构建出很多常见用品的三维模型。

1.2.4　钟表的装配

下面,对构建好的表盘、时针、分针和转轴进行装配;钟表案例的装配过程,可参考本书附带视频"钟表的装配"。利用【装配体】里的【插入零部件】命令,将各个零件插入装配体里。

钟表的
装配

(1)步骤一:新建一个装配体文件,如图1-15所示,并进入装配环境的主界面。

(2)步骤二(将表盘零件插入到装配体):在左侧"开始装配体"属性栏里,单击"浏览"按钮,找到刚才构建的表盘文件;然后在"开始装配体"单击对钩,完成表盘零件的插入,

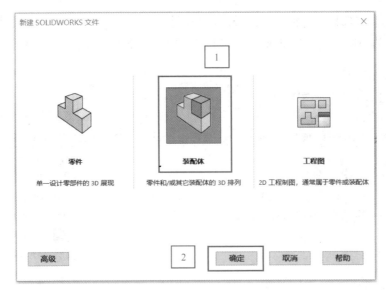

图1-15　新建一个装配体文件

如图1-16所示；表盘零件也出现在左侧的设计树里，且其名字左边有"固定"二字，表示该零件不可以跟随鼠标的拖动而被移动。

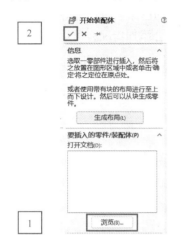
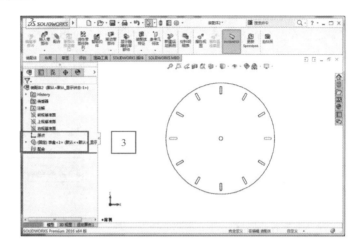

图1-16 在装配体环境里插入表盘

（3）步骤三（将其它零件插入装配体）：单击【装配体】里的【插入零部件】命令，如图1-17所示；单击左侧属性栏的"浏览"按钮，找到刚才构建的时针零件，并将鼠标移动到图形区域，此时可以看到时针跟随鼠标移动而移动；最后，鼠标在图形区域的任何一个位置单击，将时针放置到装配体中。采用同样的方法，将分针和转轴插入装配体中。

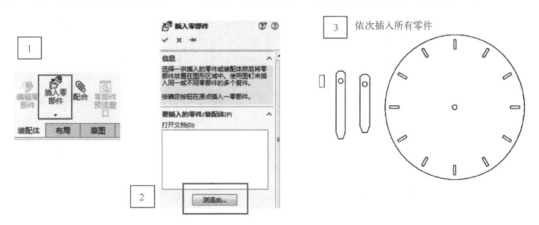

图1-17 使用插入零部件命令依次插入所有零件

在装配体的环境里，常用的鼠标操作功能如下。

① 全部零件一起旋转：在图形区域按住鼠标滚轮不放开的同时，移动鼠标。

② 单个零件的移动：鼠标左键点选某个零件不放开的同时，移动鼠标。

③ 单个零件的旋转：鼠标右键点选某个零件不放开的同时，移动鼠标。

下面利用【配合】的命令 配合，对各个零件进行装配。

（4）步骤四：利用鼠标操作，调整好零件之间的相对位置和角度，以利于后续的操作和观察。

（5）步骤五（将转轴和表盘进行装配）：单击【装配体】里的【配合】命令，将转轴的外圆柱面和表盘的轴孔面选为"要配合的实体",选择同轴心配合,如图1-18所示,然后单击对钩确认添加该配合;将转轴的下端面和表盘的后表面选为"要配合的实体",选择重合配合,然后单击对钩确认添加该配合;完成这两个操作后,转轴即已跟表盘装配好。

如果在装配的过程中,进行了错误的配合或想查看之前的配合添加情况,可以在设计树中点开"配合"前面的三角形符号 ▸ **ᵔᵔ 配合**,在对应的配合上右键选择相应的命令进行删除配合或修改/查看配合,如图1-19所示。

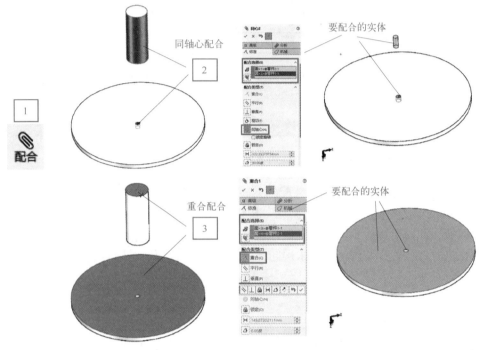

图1-18 表盘与转轴的配合

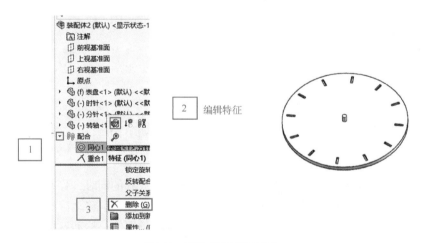

图1-19 删除或修改/查看配合

(6)步骤六(将分针和转轴进行装配):单击【配合】命令,将转轴的外圆柱面和分针的轴孔面选为"要配合的实体",选择"同轴心"配合,如图1-20所示,然后单击对钩确认添加该配合;将分针的前表面和表盘的前表面选中,选择"距离"配合,并将距离设定为

0.50mm，单击对钩完成该配合；完成这两个操作后，分针即已跟转轴配合好。此时，用鼠标左键拖动分针，可以看到分针以转轴为转动中心进行转动。

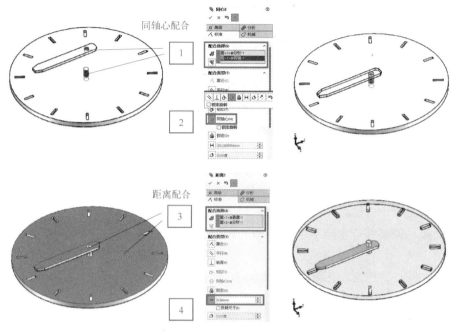

图1-20 分针与转轴的配合

（7）步骤七（将时针和转轴进行装配）：单击【配合】命令，将转轴的外圆柱面和时针的轴孔面进行"同轴心"配合；将时针的前表面和转轴的前表面进行"重合"配合，如图1-21所示。完成这两步操作后，时针即已跟转轴配合好。此时，用鼠标左键拖动时针，可以看到时针以转轴为转动中心进行转动。

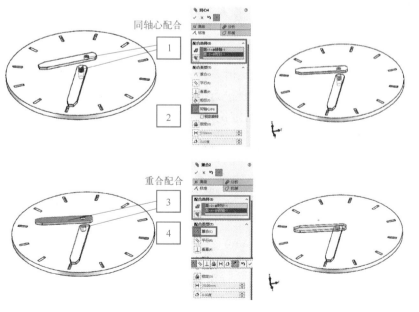

图1-21 时针和转轴的配合

至此，通过草图绘制、三维建模和装配，完成了钟表模型的建模和装配，总体装配效果如图1-4所示。

在上述过程中，有一些基础性的问题值得注意和思考。

（1）如果零件的第一个草图是圆，一般将圆心定在原点上，如转轴和表盘；如果零件的第一个草图是矩形，一般使用中心矩形绘制矩形，且将矩形的几何中心定在原点上。

（2）如果零件需要由很多个特征构成，一般每个特征都是单独的一步来完成，如时针和分针，用【拉伸凸台/基体】构建针体，用【拉伸切除】构建轴孔，用【倒角】进行装饰。

（3）表盘盘体（直径30mm）的草图和轴孔（直径1mm）的草图是在同一个草图里完成的。

（4）第一个插入装配体里的零件，如表盘，是固定不动的，即插入后用鼠标左键拖拽表盘的时候，表盘不会跟着移动。

（5）第一个插入装配体里的零件，一般不用鼠标在图形区域单击的方法把零件放置在图形区域，而是在左侧属性栏里单击对钩进行放置；其它插入装配体里的零件，是通过鼠标在图形区域单击把零件直接放置在图形区域，是"浮动的"，即可以用鼠标进行拖动。

（6）装配前调整好待装配零件的相对位置和角度，会减少装配过程中的麻烦和加快装配的速度。

（7）一个零件的构建，花时间最多的地方是哪个环节或步骤？是绘制草图还是使用特征命令？

（8）在掌握本节内容的基础上，建议多加练习，并在练习过程中，对用到的命令的属性栏里的不同选项或输入框进行更改，并通过观察，了解这些选项不同的设置对模型产生的影响。

（9）完成本节内容的学习后，建议不要进行其它零件的建模训练，而应马上进入下一节的学习。

（10）本书配备有视频教程，但建议不要对视频有过多地依赖（虽然视频展示的操作内容更多），以在练习过程中注重培养自己的学习能力。

1.3　牛刀初试——轮式机器人模型

本节以一个轮式机器人模型构建为案例，讲述SolidWorks软件草图绘制、特征和装配功能中常用的命令及其它功能/命令，以及相关命令中不同的选项设置对建模的影响。在案例过程中如果运用到1.2节的内容，会简要进行描述，不再给出细化的文字说明或配图；如果出现新的内容，将会详细讲解。本节的定位是对1.2节内容的深化讲解，以及引入建模过程中应该养成的规范性建模习惯。

轮式机器人模型如图1-22和图1-23所示，具体描述如下。

（1）具有两个车轮，每个车轮由单独的一个电机驱动；车轮为圆柱形外形，且将车身完全包裹住。

（2）电机通过联轴器与车轮的外轮进行连接；在程序的控制下，每个电机均可以单独正反转。

（3）车轮上的内轮和外轮通过铜柱进行连接。

（4）车身由顶板和底板构成主框架，顶板与底板通过铜柱进行连接。

（5）电机通过电机固定座安装于底板上。

（6）电路板、电池、开关、导线等其它零件安装或固定于顶板和底板上。

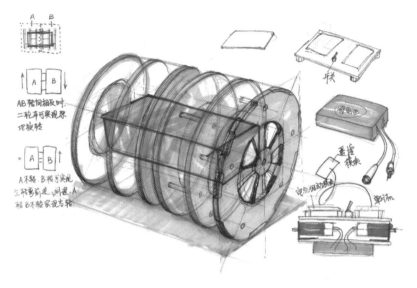

图1-22 轮式机器人的构想手绘图

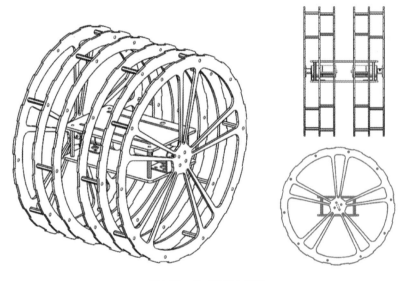

图1-23 轮式机器人模型

在本案例中，电机、电机固定座、联轴器、电池、电路板、开关等为外购件；底板、顶板、外轮和内轮为加工件。本节需要学习的内容如下。

（1）根据已有的尺寸图纸或标准，对电机、电机固定座、联轴器和铜柱进行三维建模。

（2）对顶板、底板、内轮和外轮进行设计，且其材料均为3mm厚的有机玻璃，并通过木工雕刻机或激光切割机进行加工。

（3）对所有零件进行装配。

由于本书的重点是讲述三维设计软件的使用及相关设计方法，因此，本案例中的零件信息不严格按照规范工程图的形式给出，而只是给出零件的各个尺寸，暂时忽略零件表面粗糙度、形位公差等信息。同时，为了展现案例的完整性，本节也将讲述一些非三维设计的内容。

1.3.1 外购件的三维建模

电机、电机固定座、联轴器的尺寸分别如图 1-24、图 1-25 和图 1-26 所示。下面逐个零件进行建模，在建模过程中，视情况会使用不同的方法对相类似的结构进行建模。外购件的建模过程，可参考本书附带视频 "轮式机器人外购件的三维建模"，可扫描二维码观看。

轮式机器人外购件的三维建模

在建模过程中，首先记住下面要点，可以大幅降低建模过程中出错的概率，或者在出错后可以找到出错的原因。

（1）平面是无限延伸的，任何一个平面（基准面或面）都可以画草图；曲面不可以画草图（本章暂不涉及3D草图的内容）。

（2）同一个草图，其所有的线条只能处于同一个平面（2D草图）。

（3）在草图编辑状态下，才可以修改草图。

关于绘制草图的基本操作，补充以下知识点。

（1）绘制草图，一般是先绘制线条，再对线条图形添加尺寸。

（2）添加的尺寸包括形状大小尺寸和位置尺寸。

（3）如果线条画错了，或画多了，可以退出当前的草图命令，按鼠标 "右键" — "删除" 的步骤删除该线条。

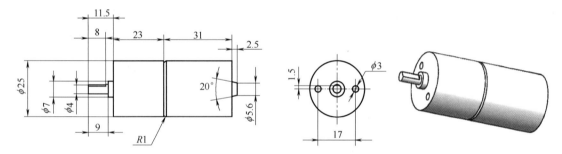

图 1-24　电机的尺寸

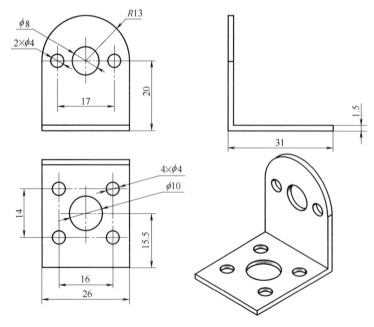

图 1-25　电机固定座的尺寸

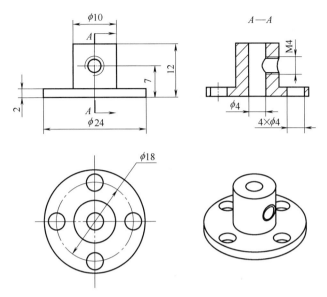

图 1-26 联轴器的尺寸

（4）按住鼠标左键不放开的同时拖动鼠标，将目标线段框起来后，按键盘上的"Delete"键，可以删除这些线段。

1.3.1.1 电机固定座的建模

电机固定座包含水平和竖直部分的结构，且这两部分结构的厚度均为 1.5mm。下面使用【拉伸凸台/基体】命令构建固定座的本体特征，然后使用【拉伸切除】和【圆周阵列】等命令完成固定孔和通孔的建模。

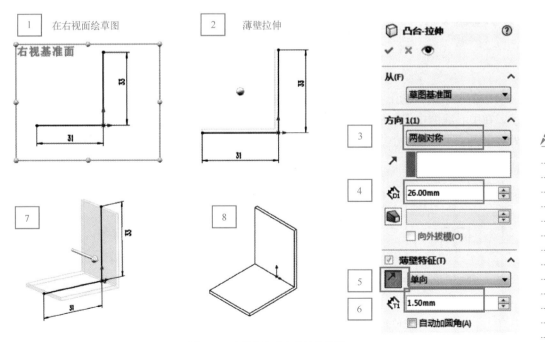

图 1-27 电机固定座本体结构建模

（1）选择右视基准面，经过原点绘制一条水平的直线和一条竖直的直线，并分别标注其长度为31mm和33mm，如图1-27所示。

（2）使用【拉伸凸台/基体】命令，对草图进行拉伸；在【凸台-拉伸】属性栏里将"方向1"选择为"两侧对称"，拉伸深度改为26mm，薄壁特征的厚度设定为1.5mm，并单击图标，将其反向（使得黄色的预览材料在两条直线的内侧）。

薄壁拉伸适合用于板状结构，且其各部分的材料厚度都相同的零件。使用该命令时，"拉伸深度"为其总深度，而不是一半的深度，并需注意薄壁拉伸的方向是否正确。

（3）使用【特征】里的【圆角】命令，将固定座竖直部分的顶部变成圆弧状。选择"完整圆角"，并依次选择3个面作为"边侧面组1"、"中央面组"和"边侧面组2"，如图1-28所示。

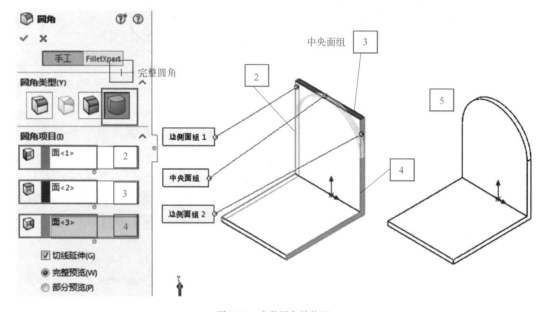

图1-28　完整圆角的使用

（4）在水平结构的上表面开启一幅草图，并经原点绘制一条竖直的中心线，如图1-29所示。在中心线的中点上绘制一个直径为10mm的圆（鼠标移动到该中心线中点附近时，中点处会出现一个黄色的小点），然后使用【拉伸切除】命令，完成该通孔的建模。

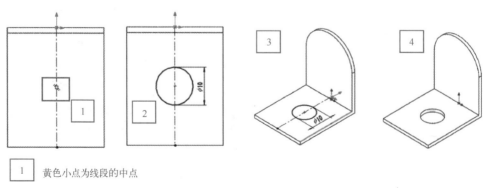

1　黄色小点为线段的中点

图1-29　水平结构通孔的建模

（5）同样，在水平结构的上表面开启一幅草图，并经直径10mm的圆心绘制一条水平的中心线和一条竖直的中心线，如图1-30所示；然后绘制一个直径为4mm的小圆，小圆距离水平中心线的距离为7mm，距离竖直中心线的距离为8mm；最后使用【拉伸切除】命令进行切除，完成该通孔的建模。

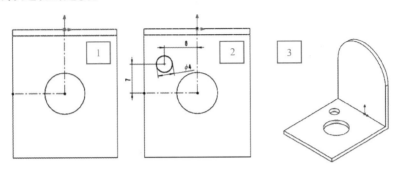

图1-30 水平结构安装孔的建模

（6）使用【特征】里的【线性阵列】，一次性生成其它3个安装孔，如图1-31所示。将上述直径4mm的安装孔选为"要阵列的特征"；将一条水平走向的边线选择为"阵列方向1"，并设定间距为16.00mm，实例数为2；将一条竖直走向的边线选择为"阵列方向2"，并设定间距为14.00mm，实例数为2。

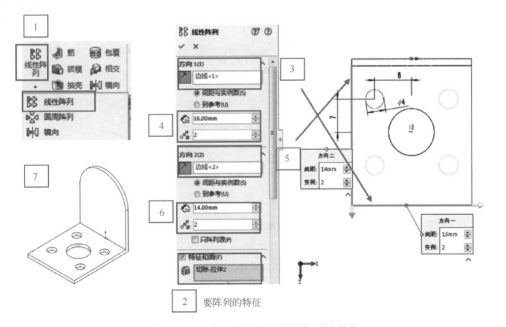

图1-31 使用线性阵列功能生成其它3个安装孔

（7）在竖直结构的内侧面开启一幅新的草图，选择【圆】命令后，首先将鼠标靠近大圆弧，如图1-32所示，在大圆弧的圆心上将出现一个圆心的标志⊕，此时，将鼠标移动到该标志上，然后单击鼠标，将直径为8mm的圆的圆心定在该标志上，并绘制直径为8mm的圆；最后，使用【拉伸切除】命令进行切除。

（8）同样，在竖直结构的内侧面开启一幅新的草图，并经直径8mm的圆心绘制一条水平的中心线和一条竖直的中心线，如图1-33所示；在水平中心线上绘制一个直径为4mm的小圆，小圆圆心距离竖直中心线的距离为8.5mm；然后使用【拉伸切除】命令，完成该通孔的建模；使用【草图】里的【镜像实体】命令 ⚬⚬ 镜像实体 生成另一侧的小圆孔：将小圆孔选择为"要镜像的实体"，将竖直的中心线选择为"镜像点"。

　　【镜像实体】命令用于在草图绘制中快速生成一个新的图形，该图形与已有的图形关于某一条线对称分布。

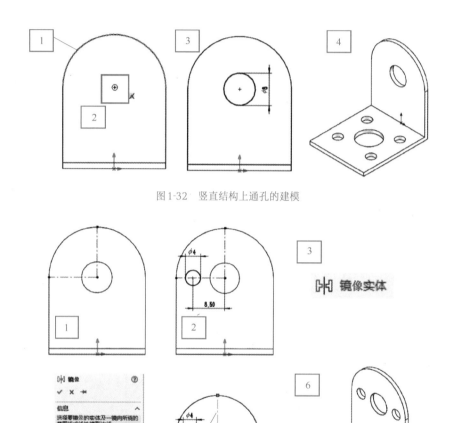

图1-32　竖直结构上通孔的建模

图1-33　竖直结构上安装孔的建模

　　至此，完成了电机固定座的建模，使用的命令包括两侧对称的【拉伸凸台/基体】、完整圆角的【圆角】、【线性阵列】和【镜像实体】等。

　　在上述电机固定座的建模过程中，随着建模的推进，可能会发现前期的一些草图是错误的。当出现这种情况时，需要使用"编辑草图"的办法，重新打开有错误的草图进行修改。举个例子，在上述电机固定座的步骤中，竖直结构上8mm的圆孔直径定义成了9mm，则改正该错误的步骤如图1-34所示。

　　（1）在左边设计树找到该草图（或该草图所在的特征）。

（2）在设计树上右键单击该草图（或该草图所在的特征）。

（3）选择"编辑草图"图标，重新打开该草图；当某个草图被打开时，图形区域的右上角（确认角）会出现两个图标，$\curvearrowleft$是确认并退出草图，✖是放弃修改并退出草图，如图1-35所示。

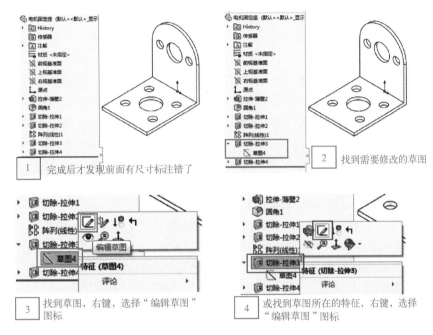

图1-34　编辑草图的操作步骤

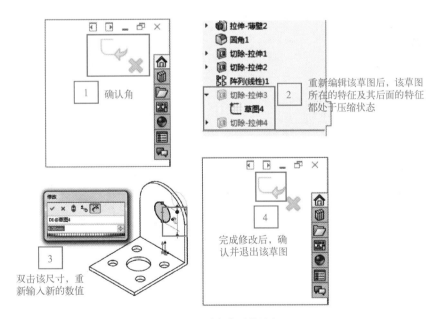

图1-35　编辑草图并退出

（4）打开该草图后，修改该草图（修改线条或尺寸数值）；本例是将9mm的尺寸修改为8mm，因此，用鼠标双击该尺寸，重新输入新的数值8mm；完成修改后按$\curvearrowleft$确认并退出该草图。

这里需要补充说明的是，设计树是以时间的先后顺序记录建模的顺序的。因此，当重新编辑直径8mm的圆的草图时，在图上所反映出来的固定座的模型，是没有展现两个直径4mm的小圆孔的结构的（因为重新编辑8mm直径的圆的草图时，系统"退回去"了当时开启该草图的状态，而当时直径4mm的小圆孔的结构还没构建）。

这里，我们补充讲解了"编辑草图"的功能；在下面联轴器的例子里，我们将补充讲解"编辑特征"的功能。

1.3.1.2 联轴器的建模

联轴器包含底盘和圆柱两部分，底盘外径为24mm，高度为2mm，在直径为18mm的圆周上均匀分布4个直径为4mm的安装通孔；圆柱外径为10mm，高度为10mm，在中间有1个M3的螺纹孔；另外，1个直径为4mm的电机轴通孔贯穿整个底盘和圆柱。建模步骤如下。

（1）构建底盘。选择上视基准面，经过原点绘制1个直径为24mm的圆，如图1-36所示；使用【拉伸凸台/基体】命令，对草图进行拉伸，拉伸的深度为2mm。

（2）构建圆柱。选择底盘的上表面，开启一幅新的草图；在底盘的圆心处绘制1个直径为10mm的圆，然后使用【拉伸凸台/基体】命令，往上拉伸10mm。

（3）选择底盘的上表面，开启一幅新的草图，绘制1个直径为4mm的小圆，小圆圆心距离底盘圆心的距离为9mm，使用【拉伸切除】进行切除，完成该安装孔的建模。

（4）使用【圆周阵列】命令，生成其它3个安装孔。将底盘的外圆柱面选为"阵列轴"，勾选"等间距"选项，"实例数"为4，将安装孔选为"要阵列的特征"。

（5）构建电机轴孔。选择圆柱的顶面，绘制1个4mm的圆；然后使用【拉伸切除】命令完全贯穿圆柱和底盘。

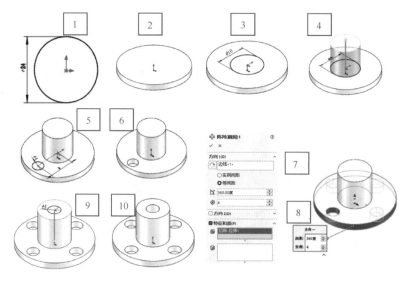

图1-36 联轴器底盘、圆柱和安装孔的建模

（6）最后构建M3的螺纹孔，如图1-37所示。选择前视基准面，在圆柱的中间高度上绘制1个直径为3mm的圆；使用【拉伸切除】，选择完全贯穿的终止条件，形成M3的通孔；选择主菜单"插入"—"注解"—"装饰螺纹线"选项，将孔的边线选为"圆形边线"，其它如图1-37设置，即完成给该小孔添加螺纹的视觉效果。

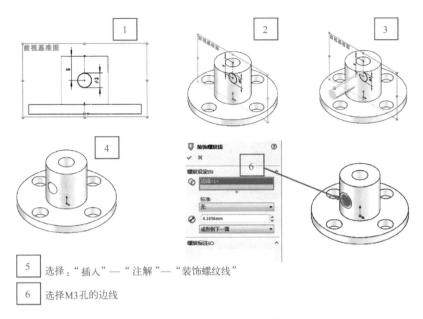

选择："插入"—"注解"—"装饰螺纹线"

选择M3孔的边线

图1-37　联轴器螺纹孔的建模

为了顺利找到"装饰螺纹线"选项所在的地方，可以按照图1-38所示的方法，先将中文主菜单固定下来。SolidWorks软件的其它窗口，如果出现图标 ➤|，都是可以通过鼠标单击该图标的方法将该窗口的自动隐藏功能关闭。

图1-38　SolidWorks主菜单的固定

这里，我们补充讲解"编辑特征"的功能，同时强化"编辑草图"的讲解。联轴器底盘的大小是24mm，高度是2mm；如果在建模时，把尺寸错误地标注成了底盘大小为28mm，高度为3mm，现在要把这两个尺寸重新修改回来。修改前我们先做简单的分析。

（1）底盘的直径大小，是由底盘的草图决定的，也就是由标注的尺寸来决定的，而标注尺寸是在草图里进行的，因此，通过修改草图，可以修改底盘的直径大小。

（2）底盘的高度，是由底盘的【拉伸凸台/基体】特征决定的，也就是使用【拉伸凸台/基体】进行拉伸时，由"拉伸深度"决定的，因此，通过修改拉伸的特征，可以修改底盘的高度。

通过图1-39所示方式，即可将尺寸改正过来。

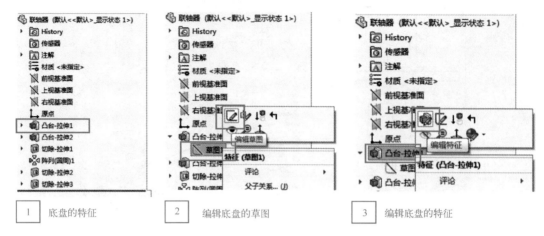

| 1 | 底盘的特征 | 2 | 编辑底盘的草图 | 3 | 编辑底盘的特征 |

图1-39　编辑特征的操作步骤

（1）在设计树找到底盘的特征。

（2）找到底盘的草图，右键—"编辑草图" ，打开底盘的草图，然后将28mm的尺寸修改为24mm。

（3）找到底盘的拉伸特征，右键—"编辑特征" ，打开底盘的拉伸特征，在【凸台-拉伸】的属性窗口，将"拉伸深度"由3mm改为2mm。

至此，即完成了底盘的修改。归根结底，发现模型出现了错误，是需要重新回去编辑草图还是编辑特征，最基本的是需要弄清楚导致错误出现的原因，是因为草图绘错了，还是因为特征的参数/选项弄错，从而返回对应的执行编辑草图或编辑特征进行相应操作。

1.3.1.3　电机的建模

电机的结构，主要包括直流电机、减速器和电机轴三部分结构，如图1-40所示。

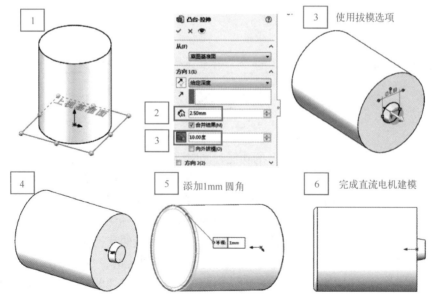

图1-40　直流电机的建模

（1）下面首先创建直流电机的三维模型。

① 选择上视基准面，绘制一个直径为25mm的圆，圆心定在原点，并拉伸31mm。

② 选择上视基准面（或选择直流电机的底面），绘制一个直径为6.5mm的圆，圆心定在原点，拉伸2.50mm，并在拉伸时使用"拔模"选项，如图1-40所示，拔模角度设为10.00度。

③ 在直流电机的顶面（前端面）添加半径为1mm的圆角。

（2）下面继续创建减速器部分的三维模型，如图1-41所示。

① 在电机顶面开启一幅新的草图，绘制一个同心圆，直径为25mm，并拉伸23mm。

② 在减速器的顶面（前端面）开启一幅新的草图，绘制两个安装螺纹孔的草图，螺纹孔直径为3mm，间距为17mm，深度为5mm。

（3）最后，创建电机轴部分的结构，如图1-42所示。

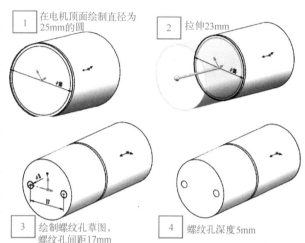

图1-41　电机减速器的建模

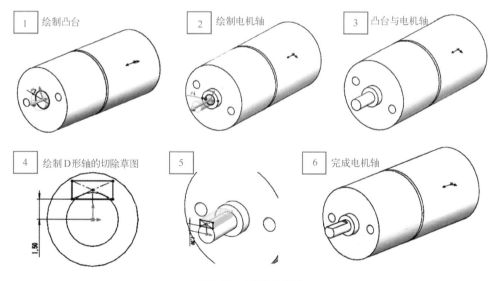

图1-42　电机轴的建模

① 绘制电机轴凸台。在减速器的顶面（前端面）开启一幅新的草图，绘制一个直径为7mm的同心圆，拉伸2.5mm。

② 绘制电机轴。在凸台前端面开启一幅新的草图，绘制一个直径为4mm的同心圆，拉伸9mm。

③ 将圆轴切成D形轴。在电机轴的前端面开启一幅新的草图，绘制一个矩形，如图1-42所示，矩形底边距离圆心1.5mm，其它三条边均超出电机轴的范围；然后拉伸切除8mm。

至此，完成电机轴部分结构的绘制，也完成了整个直流减速电机三维模型的创建。

直流减速电机通过减速器上的2个螺纹孔与电机固定座进行连接；电机轴穿过电机固定座竖直结构上直径8mm的通孔后，通过联轴器与车轮进行连接。

至此，已完成轮式机器人3个主要外购件，即直流减速电机、电机固定座和联轴器的三维建模，接下来对底板、顶板、内轮和外轮进行设计。

1.3.2 加工件的三维建模

电机通过电机固定座安装在底板上，顶板通过铜柱与底板进行连接，加强轮式机器人模型主体部分的刚度。因此，底板上的开孔，主要包括电机固定座的安装孔和铜柱的连接孔，以及用于导线固定、电池固定等的其它预留孔。加工件的建模过程，可参考本书附带视频"轮式机器人加工件的三维建模"，可扫描二维码观看。

轮式机器人加工件的三维建模

1.3.2.1 底板和顶板的建模

下面对底板进行建模。根据电机的尺寸以及控制电路板、电池等的尺寸，底板的长宽尺寸分别设定为150mm和100mm；具体建模过程如下。

（1）底板本体的建模。选择上视基准面，开启一幅草图，利用【中心矩形】的命令，将矩形的中心定位在原点上，绘制1个150mm×100mm的矩形，如图1-43所示。

（2）对底板的本体添加圆角。选择【草图】上的【圆角】命令 ◠，在图形区域按下鼠标左键不放开的同时拖动鼠标，使得鼠标拖出的矩形框完全把刚才绘制的150mm×100mm的矩形框起来，然后放开鼠标左键；最后将圆角的半径设置为5.00mm，然后拉伸3mm，完成底板本体的建模。

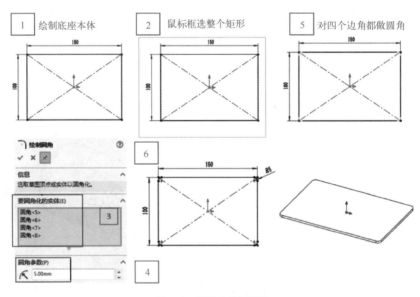

图1-43　底板本体的建模

（3）电机固定座安装孔的建模。每个电机固定座需要4个直径为4mm的孔进行安装。根据电机固定座的尺寸，按如下步骤进行建模。

① 在底板本体的上表面开启一幅草图，并经过原点绘制1条水平的中心线和1条竖直的中心线，如图1-44所示。

② 在板的右侧利用【中心矩形】命令绘制1个14mm×16mm的矩形，矩形的中心点落

在水平的中心线上，矩形中心距底板右侧边线17mm；通过勾选左侧矩形属性窗口上的【作为构造线】选项 ☑作为构造线(C)，将该矩形的所有线条都更改为构造线（中心线）。

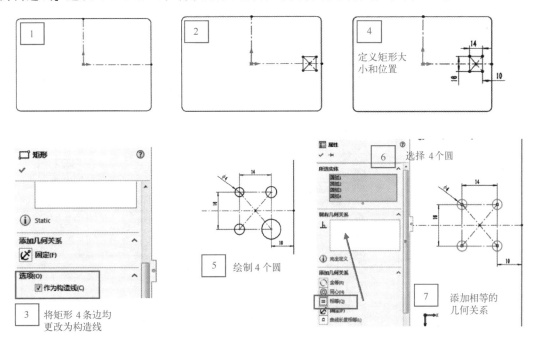

图1-44　绘制一侧的电机固定座安装孔

③ 按照图示的尺寸标注矩形的大小和位置后，在矩形的每个角点上绘制1个圆形，并将其中1个圆形的直径定义为4mm。

④ 退出【智能尺寸】的命令后，按下键盘"Ctrl"键的同时，用鼠标左键点选4个圆，并通过左侧属性窗口，给4个圆添加"相等"的几何关系，使得4个圆的直径均为4mm。

⑤ 右侧4个电机固定座安装孔绘制完成后，选择【草图】里的【镜像实体】命令 ⋈镜像实体，拖动鼠标框选刚才绘制的4个圆，将它们选为"要镜像的实体"；选择竖直的中心线，将它选为"镜像点"，然后单击对钩完成左侧电机固定座安装孔的绘制；最后，对该

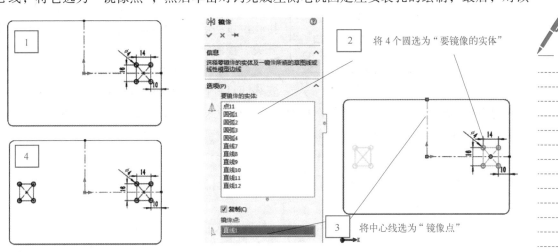

图1-45　利用【镜像实体】绘制左侧电机固定座安装孔

草图使用【拉伸切除】命令使孔贯穿，完成电机固定座安装孔的建模，如图1-45所示。

（4）铜柱连接孔的建模。四根铜柱与底板的连接位置位于底板的4个边角。如图1-46所示，铜柱连接孔的圆心距离原点的水平距离为65mm，竖直距离为40mm，连接孔的直径为4mm；如图绘制1个连接孔，然后利用【线性阵列】的命令 🔳 线性阵列，绘制其它3个连接孔；【线性阵列】的"方向1"选择水平方向，间距为130.00mm；"方向2"选择竖直方向，间距为80.00mm。最后，使用【拉伸切除】命令使各孔贯穿，完成铜柱连接孔的建模。

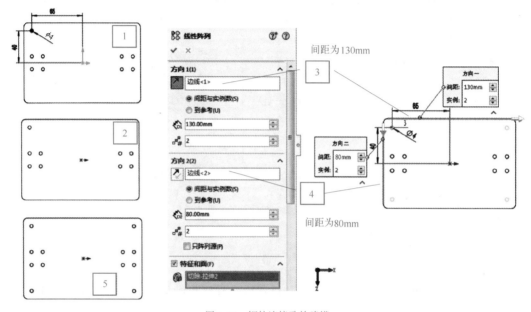

图1-46　铜柱连接孔的建模

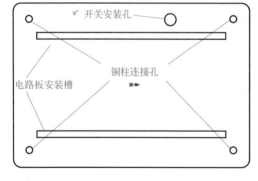

图1-47　顶板的结构

至此，完成了底板本体、电机固定座安装孔和铜柱连接孔的建模，其它预留孔的建模根据后期的走线和电池固定要求来设计，不在此展示。

顶板的外形尺寸和底板的一致，为150mm×100mm，其铜柱连接孔的位置也与底板的铜柱连接孔位置一致，如图1-47所示。顶板上需要安装开关、控制板和L298N电机驱动模块，开关自带锁紧螺母，为其预留一个直径为7mm的孔进行安装即可；控制板和L298N电机驱动模块均通过铜柱利用螺栓固定在顶板上，因此，其预留安装孔的大小也可以设为4mm，或将其预留安装孔设计为槽型，以方便后续安装位置的调整。

1.3.2.2　外轮和内轮的建模

下面对轮子进行建模。轮子的直径需要足够大，且为中空结构，这样可以把轮式机器人模型的主体完全包裹在里面。

外轮的几个关键性尺寸如图1-48所示，外圈最大直径为280mm，内圈直径为245mm，中间连接联轴器部件的直径为40mm，内外轮之间的铜柱连接孔中心所在的圆周直径为263mm，共有10个铜柱连接孔。为了加大行走时轮子和地面的摩擦力，轮子的最外圈设为凹凸结构；为了使得外轮具有一定的美观性，外轮中间部分设计为一定的镂空结构。下面展示外轮的具体建模过程，如图1-49所示。

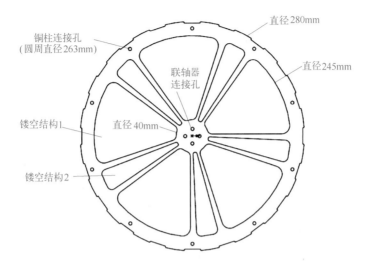

图1-48 外轮的结构与尺寸

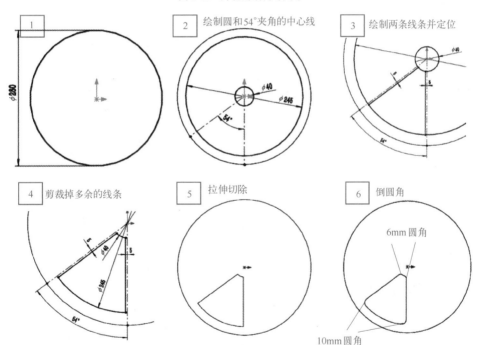

图1-49 第一个镂空结构的建模

（1）选择上视基准面，绘制一个直径为280mm的圆，将圆的圆心定在原点，并选择【拉伸凸台/基体】命令拉伸3mm的厚度。

（2）在上表面以原点为圆心绘制直径为40mm和245mm的两个同心圆，并过原点绘制两条成54°夹角的中心线。

（3）绘制两条与上述中心线平行且间距为5mm的线条。这两条线的起点为直径40mm的圆周，终点为直径245mm的圆周，均在中心线的内侧。

（4）利用【草图】里的【剪裁实体】命令 ，将直径40mm和245mm的圆周的多余部分剪除掉，如图1-49所示；然后将该草图进行【拉伸切除】命令。

（5）在该镂空结构的四个角点上分别倒直径为10mm和6mm的圆角，具体倒角参数如图1-49所示。

（6）对上述镂空结构 ［（1）~（5）的建模结构］ 进行圆周阵列，阵列个数为5个，如图1-50所示。

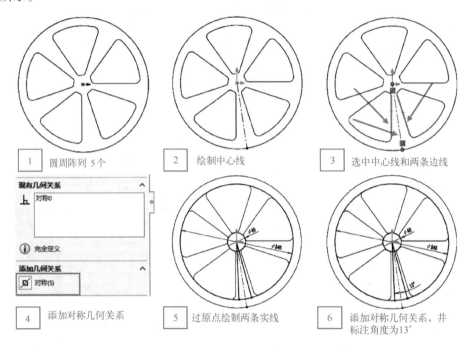

图1-50　绘制第二个镂空结构的草图

（7）绘制第二个镂空结构的草图。在外轮的上表面开启一幅新的草图，绘制一条中心线，如图1-50所示；按住键盘"Ctrl"键的同时，选中中心线及相邻的两条镂空结构的边线，在左侧属性窗口里给它们添加"对称"的几何关系；该步操作可以使得中心线处于上述两条镂空结构边线的中心处；然后以原点为圆心，绘制直径为40mm和245mm的同心圆，并经过原点在中心线两侧绘制两条实线，选中这两条实线和中心线，添加"对称"的几何关系后，标注两条实线之间的夹角为13°。

（8）将直径为40mm和245mm的圆周的多余部分线条剪裁掉，如图1-51所示，只保留第二个镂空结构需要的草图，并将该草图拉伸切除。拉伸切除后，添加6mm和2mm的圆角（如图1-51所示），然后将该镂空结构进行圆周阵列，阵列个数为5个；最后，在直径263mm的圆周上，构建10个直径为4mm的铜柱连接孔。

（9）绘制与联轴器进行连接的4个直径为4mm的安装孔，如图1-52所示，安装孔中心距离原点的距离为9mm，可用圆周阵列的方法完成4个安装孔的建模。

为了增大轮子和地面的摩擦力，可以在外轮的外圆周上做出凹凸不平的结构，如图1-48所示。上述建模步骤详细展示了外轮的建模过程，其中，镂空结构为非功能性结构，可视时间安排进行更改设计，美观即可；但是，该结构的草图绘制具有一定的难度，值得作为草图绘制训练的一个例子。

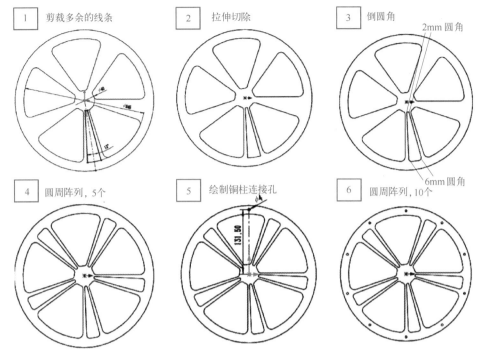

图1-51 第二个镂空结构及铜柱连接孔的构建

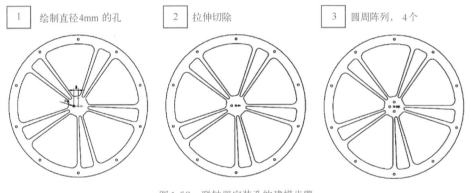

图1-52 联轴器安装孔的建模步骤

内轮需要包裹轮式机器人模型的主体，只有一个圆环形的结构，如图1-53所示，可在外轮三维模型的基础上，利用一个直径为245mm的圆进行拉伸切除，去除中间部分的结构，保留圆环结构。

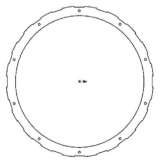

图1-53 内轮结构

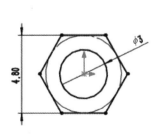

图1-54 铜柱的尺寸

至此，完成了轮式机器人模型底板、顶板、外轮和内轮等几个主要部件的设计。底板和顶板通过铜柱进行连接，两者间距为40mm；外轮和内轮也是通过铜柱进行连接，间距为30mm。铜柱的横截面可以按照图1-54进行草图绘制后拉伸而成，长度根据需要而更改，一般是5的倍数（5mm/10mm/15mm/20mm等，也有不是5的倍数的）。

1.3.3 轮式机器人模型的装配

轮式机器
人的装配

下面对轮式机器人模型进行装配，装配的过程可参考本书附带视频"轮式机器人的装配"，可扫描二维码观看。装配的顺序如下。

（1）将底板作为第一个零件插入装配体，底板的特性是"固定"的。

（2）依次将其它零件插入装配体，其它零件的特性是"浮动"的。

（3）将右侧的电机固定座与底板进行装配。

（4）将右侧的电机与电机固定座进行装配。

（5）将右侧的联轴器与电机进行装配。

（6）将底板与铜柱进行装配。

（7）将顶板与铜柱进行装配。

（8）将右侧外轮与联轴器进行装配。

（9）将右侧内轮与外轮进行装配。

（10）利用镜像功能，完成左侧零件的装配。

具体步骤如下。

（1）将底板作为第一个零件插入装配体。首先，新建一个装配体文件，如图1-55所示，进入装配体环境的主界面；然后，单击左侧"开始装配体"属性栏的"浏览"按钮，如图1-56所示，找到底板文件并打开；返回到装配体环境的主界面后，直接单击"开始装配体"属性栏的绿色对钩，完成将底板导入装配体里，并使得底板的特性是"固定"的，即底板不会因为鼠标的拖拽而跟着移动。

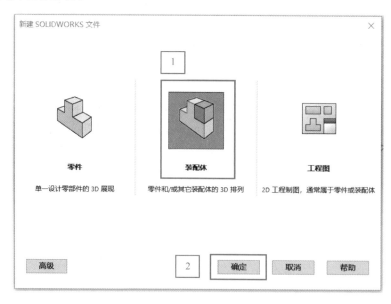

图1-55 新建一个装配体文件

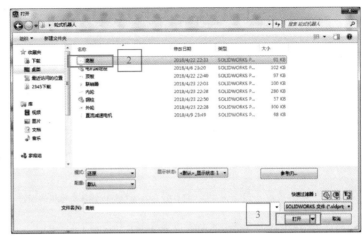

图1-56 将底板导入装配体

（2）依次将其它零件插入装配体。这里展示两种方法，第一种方法是使用【插入零部件】命令 的方法；单击【插入零部件】命令后，在左侧属性栏中单击"浏览"按钮，找到所需零件并打开；返回到装配体环境的主界面后，用鼠标直接在图形区域里单击，把零件放置下来；第二种方法是打开零件所在的文件夹，用鼠标选中需要的零件，然后按住鼠标左键不放开的同时，拖动鼠标，直接把零件拖进SolidWorks软件的图形区域。这两种方法中，第二种方法较为常用。

在装配体环境下鼠标的操作如下。

① 单个零件的移动：用鼠标左键点中某个零件，按下左键不放开的同时，移动鼠标；此案例中，底板作为第一个导入装配体里的零件，是固定的，不可以被拖动。

② 单个零件的旋转：用鼠标右键点中某个零件，按下右键不放开的同时，移动鼠标。

③ 全部零件的同时旋转：按下鼠标滚轮不放开的同时，移动鼠标。

④ 全部零件的缩放：滚动滚轮。

（3）将右侧的电机固定座与底板进行装配。如图1-57所示，添加2个同轴心配合和1个重合配合。

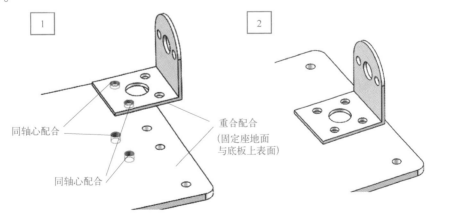

图1-57 右侧电机固定座与底板的配合

（4）将右侧的电机与电机固定座进行装配。如图1-58所示，添加3个配合（2个同轴心配合和1个重合配合）。

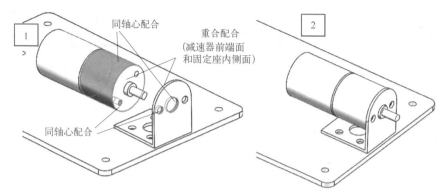

图1-58 右侧电机固定座与电机的配合

（5）将右侧的联轴器与电机进行装配。如图1-59所示，添加1个同轴心配合和1个距离配合 ⊞（电机轴的前端面与联轴器的前端面）；配合完成后，联轴器仍可以在电机轴上做圆周转动。

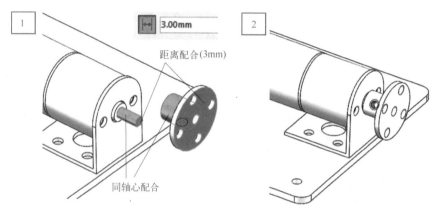

图1-59 联轴器与电机的配合

（6）将底板与铜柱进行装配。如图1-60所示，添加1个同轴心配合（铜柱与底板上的铜柱连接孔）和1个重合配合（铜柱底端面与底板上表面）。

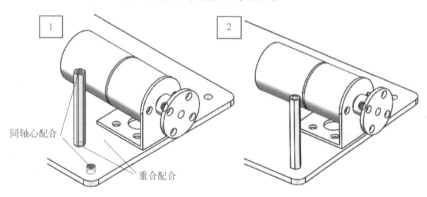

图1-60 铜柱和底板的配合

（7）将顶板与铜柱进行装配。如图1-61所示，添加1个同轴心配合（铜柱与顶板上的铜柱连接孔）和1个重合配合（铜柱上端面和顶板下表面）。

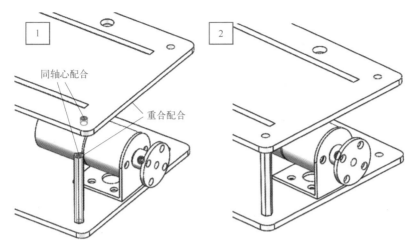

图1-61　顶板与铜柱的配合

（8）连接顶板与底板的其它3个铜柱的配合。如图1-62所示，利用【阵列驱动零部件阵列】命令 ，一次性将其余3个铜柱进行装配；其中，"要阵列的零部件"

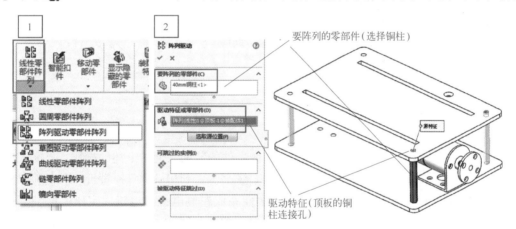

图1-62　其它3个铜柱的配合

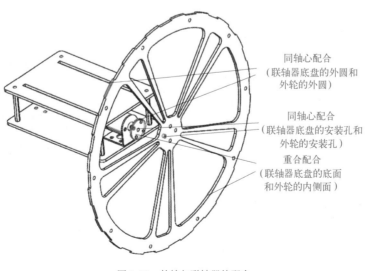

图1-63　外轮与联轴器的配合

选择铜柱，"驱动特征或零部件"选择顶板上直径4mm的铜柱连接孔，因为顶板的铜柱连接孔是用【线性阵列】的特征来完成的，所以其余3个铜柱都可以以这种方式进行装配。

（9）将右侧外轮与联轴器进行装配。如图1-63所示，添加2个同轴心配合和1个重合配合（联轴器底盘的底面和外轮内侧面）。

（10）将右侧内轮与外轮进行装配。如图1-64所示，内轮与外轮的间距为30mm，通过铜柱连接；也可添加多个内轮，内轮与内轮之间也通过30mm的铜柱进行连接；铜柱使用【线性零部件阵列】命令里面的【圆周零部件阵列】命令 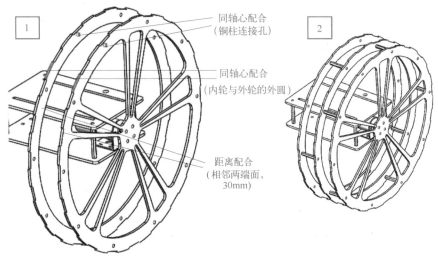 圆周零部件阵列 来一次性完成多个铜柱的装配；在此，外轮与内轮之间通过5个铜柱进行连接，内轮与内轮之间通过5个铜柱进行连接。同一转盘两侧的铜柱是交替均匀分布的。

图1-64　内轮与外轮、内轮与内轮的配合

（11）利用【镜像零部件】功能，完成左侧零件的装配。通过上述的操作，已完成轮式机器人模型右侧所有零件的装配（螺栓除外）；接下来，利用【线性零部件阵列】命令里面的【镜像零部件】命令 镜像零部件 ，一次性完成左侧电机、电机固定座、联轴器、外轮、内轮、内外轮之间的铜柱等所有部件的装配。如图1-65所示，将右视基准面选择为"镜

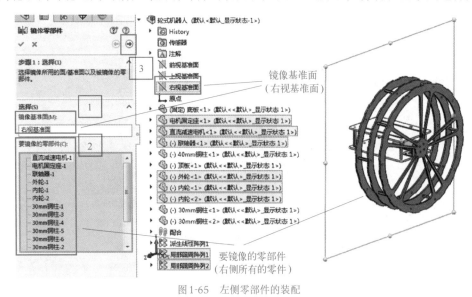

图1-65　左侧零部件的装配

像基准面",将上述右侧的零件的选择为"要镜像的零部件",然后单击"下一步"图标,在图形区域即可看到预览的效果,如图 1-66 所示;最后,单击对钩完成左侧零件的装配,总装配效果如图 1-23 所示。

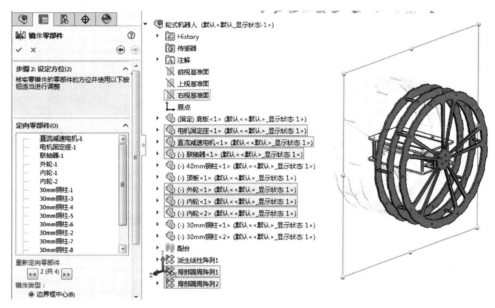

图 1-66　左侧装配零件的预览效果

(12)干涉检查。装配好的轮式机器人模型,可通过【评估】—【干涉检查】的功能,检查装配体是否有干涉,如图 1-67 所示;如果有干涉,"结果"选项会显示干涉的地方。

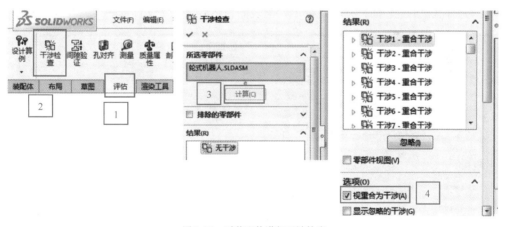

图 1-67　对装配体进行干涉检查

(13)外观设计。在图形区域,选中某个零件或零件的某个面,右键单击,会弹出一个快捷菜单;单击"外观"选项 🔵 ▾,可以对零件进行上色处理;该选项不同的细分选项对应不同的上色范围,如图 1-68 所示。

至此,完成了轮式机器人模型的装配。上述过程,只对主要零件进行了装配,电路板、开关、电池、螺栓等部件,可根据时间安排逐一装配。原则是在加工零件前,尽可能详细地装配所有零件,以充分检查设计的结构是否合理,结构是否有干涉。如果存在干涉,则需要对相应的零件进行更改。

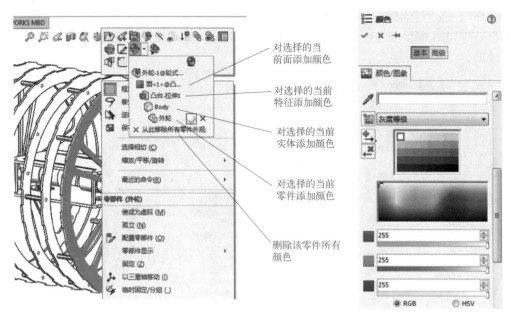

图1-68　对轮式机器人模型进行上色处理

底板、顶板，外轮和内轮的材料均为3mm厚的有机玻璃板材，通过木工雕刻机或激光切割机将这些零件切割下来。为了将这些零件的数据导入加工设备的系统里，需要基于构建的三维模型，生成它们DXF或DWG格式的文件。生成DXF文件的过程可参考本书附带视频"从三维文件生成DXF文件"。以底板为例，具体步骤如下。

从三维文
件生成
DXF文件

（1）打开底板的零件。

（2）选择底板的上表面，并"正视于"上表面，然后选择"文件"—"另存为"操作，如

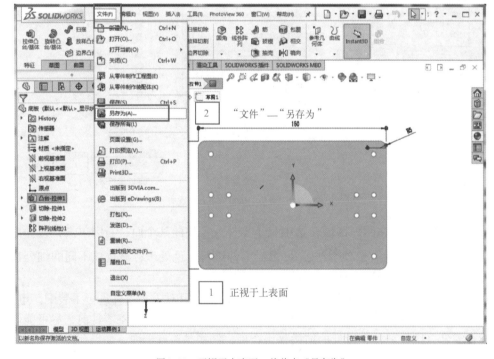

图1-69　正视于上表面，并单击"另存为"

图1-69所示；将保存类型选择为DXF格式，如图1-70所示。

（3）单击对钩后，系统弹出一个新的小窗口，如图1-71所示，该窗口显示了底板零件的轮廓线，单击"保存"按钮，将该文件保存。该文件即为加工设备识别的加工文件；如果是使用激光切割机进行加工，届时，激光束的运动轨迹即为底板的轮廓线。因此，该类板状零件的加工，不需要对零件出带有尺寸标注的工程图。

如果没有正视于加工面就生成零件的DXF文件，如图1-72所示，将会导致生成错误的DXF文件，在此情况下，无论是激光切割机进行切割还是木工雕刻机进行雕刻，都将制造出错误的零件；如果是使用木工雕刻机进行雕刻，在雕刻前生成刀具路径的时候，就会使得某些轮廓线生成不了刀具路径。

图1-70　另存为DXF格式

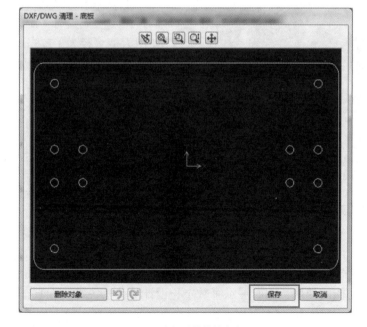

图1-71　底板零件的轮廓线图

1 没有正视于上表面

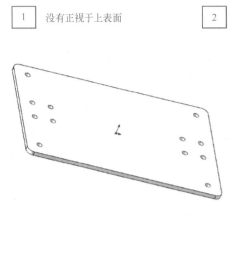

2

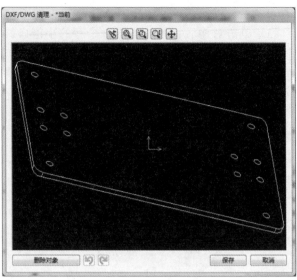

图1-72 生成DXF文件的错误操作

根据上述操作，完成所有有机玻璃零件的DXF文件的生成；根据DXF文件即可加工所有零件。

值得注意的是，激光切割时，由于激光束的直径非常小（可小于1mm），所以使用激光切割机进行材料的切割可以达到比较高的材料利用率；但是切割原理是依靠激光束的热量将材料融化进而切割出零件，因此，切割小零件容易有热变形，加工过程中也会有较强烈的异味产生。激光切割机一般会配备空气净化器，将加工过程中产生的气体过滤后再进行排放。

木工雕刻机是利用刀具对材料进行切割，由于刀具具有一定的刀柄直径（一般使用刀柄直径为3.175mm以上的刀具进行普通零件的切割，不易断刀），且在加工过程中刀具对零件有作用力，因此，在加工排版时，零件与零件之间不能排布得太密集，需预留走刀空间，且小零件容易在加工快完成时由于受到刀具的作用力而飞出。木工雕刻机在加工过程中会有一定的噪声，也会有一定的异味（物理切割，不会产生有毒气体）。

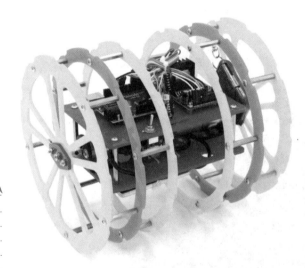

图1-73 完成后的轮式机器人模型

对所有外购件和加工件进行装配，并烧录程序进行调试，最终完成轮式机器人模型建构，如图1-73所示。

至此，基于轮式机器人模型的设计案例，详细展示了SolidWorks草图绘制、三维建模和装配等过程相关功能的使用，同时展示了数字化设计的一个关键：在真正开始加工零件前，对结构进行设计和装配仿真（包括装配、干涉检查、运动仿真、受力分析等；运动仿真和受力分析未在此处给出），最大限度减少设计失误。

第2章 三维设计进阶

通过第1章两个案例的学习，可以掌握三维设计草图绘制、三维建模和装配的基本内容。本章将分侧重点对三维设计的关键点进行阐述，以使学习者养成快速的、规范性的三维建模习惯和思维。

2.1 草图的完全定义与准确性

三维建模的一切基础在于草图绘制。良好的草图绘制习惯，能够使得后续建模和装配出错的概率降到最低。绘制草图时，一般包括绘制图形（线条）、添加几何关系和标注尺寸，最终使得草图完全定义。规范化的三维建模，最基础的要求应该是做到每个草图都完全定义。

草图的状态，包括欠定义、完全定义和过定义。在SolidWorks的草图里，只有原点的位置是已知的和确定的，其坐标就是（0，0）。草图的完全定义，要求草图的每段线条都是已知的，此处的"已知"，指的是它具有相对于原点（或已有结构）的确定性的位置，即其具有确定的形状、大小和确定的位置（及方位）。

如图2-1所示，在该草图里，包含了一个圆形、一个矩形和一个槽口；其中，蓝色的线条代表该线条还未完全定义，黑色的线条代表该线条已完全定义。

图2-1中的圆形，圆心在原点上，表明圆的位置是确定的，但是圆的直径大小没有确定，因此圆是欠定义的，其颜色为蓝色。图2-1中的槽口，其长度（60mm）和半径（10mm）都已定义，说明其具有确定的形状和大小，但是，其相对于原点的位置不确定，因此，槽口的线条也是蓝色的。

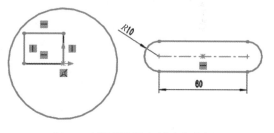

图2-1 新绘制的草图（线条为蓝色）

图2-1中的矩形，由于有两条边线是经过原点的，与原点重合，因此，这两条边线是具有确定的位置（经过原点），以及具有确定的形状（是直的线），所以，矩形中经过原点的两条边线为黑色（但这两条边线的另一侧端点是蓝色，因为其端点的位置未定义），另两条边线由于不具有确定的位置，为蓝色。

因此，要使得图2-1所示的草图里的三个图形都完全定义，可以进行如下操作。

（1）圆的完全定义。给该圆标注它的直径尺寸，如图2-2所示。由于圆的圆心与原点重合，因此该圆的位置是确定的；由于圆的直径大小已标注，因此该圆的形状与大小也确定了；因此，该圆已完全定形和定位（确定的形状和确定的位置，此处与后续称为"定形"与"定位"），所以它的线条为黑色，代表该圆已完全定义。

（2）槽口的完全定义。标注槽口左侧圆弧圆心与原点的竖直距离为5mm，水平距离为

65mm。5mm 和 65mm 确定了槽口相对于原点的位置，$R10$ 和 60mm 确定了槽口的形状大小，因此，该槽口已完全定形和定位，其所有线条为黑色，代表该槽口已完全定义。

（3）矩形的完全定义。标注矩形的宽度为 26mm，高度为 20mm。26mm 和 20mm 确定了矩形的形状大小，而其右下角的角点与原点重合，确定了其位置，因此，该矩形已完全定形和定位，其所有线条为黑色，代表该矩形已完全定义。

上面是通过标注尺寸的方式，使得草图完全定义。也可以通过标注尺寸和添加几何关系这两种方式的组合，使得草图完全定义。下面先对几何关系进行说明。

几何关系是描述和规定草图中线条与线条之间的关系。草图绘制过程中，有水平、竖直、共线、垂直、平行、相等、相切、同心、全等、固定等几何关系，如图2-3所示。

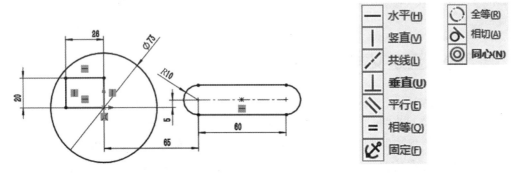

图2-2　完全定义的草图（所有线条为黑色）　　　　　　　　图2-3　几何关系

在草图中所选择的项目（图形）不同，可选的、能添加的几何关系也不一样。如图2-4所示，绘制两条直线后，按住 Ctrl 键的同时选择这两条直线，在软件界面的最左侧"属性"栏就会显示出这两条直线可以添加的几何关系，包括水平、竖直、共线、垂直、平行、相等和固定。如果给它们添加"平行"的几何关系，则"属性"栏的"现有几何关系"里显示出这两条直线存在"平行"的几何关系，同时线条的旁边会出现"平行"几何关系的图标。右键选中几何关系的绿色图标，并选择"删除"选项，可以将几何关系删除。

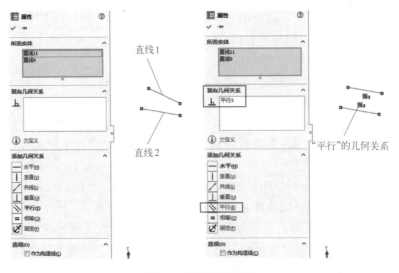

图2-4　几何关系的添加

　　如图2-5所示，通过添加尺寸，使得槽口的形状、大小确定下来；通过将槽口左圆弧的圆心和原点添加"重合"的几何关系，使得槽口的位置确定下来。即，通过组合使用标注尺寸和添加几何关系，使得草图最终实现完全定义。

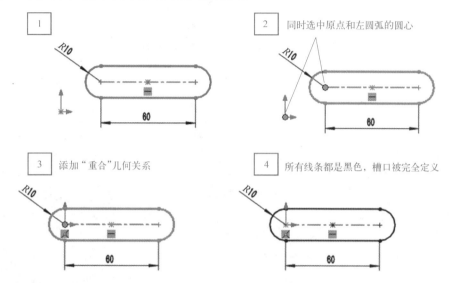

图2-5　通过添加几何关系使得草图完全定义

　　一个零件，一般需要绘制多个草图，并通过多次拉伸、切除、旋转等操作，最终完成建模。在三维建模的过程中，每个草图都完全定义的一个意义在于：如果在零件建模完成时才发现前期的一些草图有问题（例如，某个尺寸标注错了，或漏标注了某个尺寸），需要往回查看是哪一个草图出了问题时，完全定义的草图会大大减少查找错误的时间和提高查找的准确性。

　　另外，为了说明规范性建模的重要性，下面介绍SolidWorks的认证考试。SolidWorks有自己的考试认证体系，包括认证助理工程师（CSWA）和认证专业工程师（CSWP）等，其中三维建模的题目一般如下。

　　（1）题目给出零件的立体图（轴侧图）及相关视图。

　　（2）题目给出零件的所有尺寸和材质。

　　（3）考生需要根据给出的尺寸，对该零件进行三维建模，并利用软件自带的功能求出该零件的体积、质量或重心位置。

　　CSWA的题目中零件一般需要6~8个特征。简单理解，就是需要6~8个草图。当最终构建出来的零件的体积或质量不正确时，就需要对所有草图进行检查，此时，就能展示出完全定义草图的价值所在。

　　利用CSWA或CSWP的题目或模拟题目进行练习，可以有效地养成完全定义草图的习惯。图2-6为CSWA考试的一个样题，其中，图中的A=81mm，B=57mm，C=43mm。经过简单的分析，完成该模型的构建过程如下。

　　（1）将左图中的轮廓画成草图，然后拉伸，就可以完成该模型的构建。因此，主要的工作是将左图的轮廓画出来。

　　（2）在将左图的轮廓画成草图前，注意到该轮廓包含3个小的倒角和1个圆角；如果将这些圆角和倒角放在特征里实现，如只绘制图2-7所示的草图，则会大大降低草图绘制的难度；如果将这些圆角和倒角放在草图里绘制，则会使得该草图线条过多，尺寸过多，且容易出错。

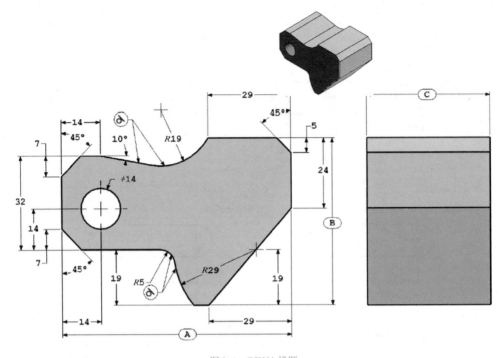

图2-6　CSWA样题

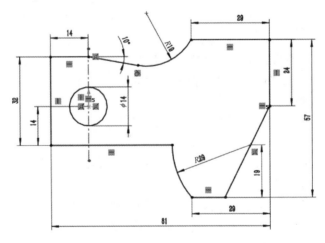

图2-7　轮廓草图

（3）图2-7的草图，除了左边的圆形，其余所有线条构成了一个封闭的轮廓，可以尝试尽量一次性把所有的线条画完，或者遵循一定的顺序画完该草图。

（4）草图中如果有完整的圆形，可以将圆心定在原点上，这样有利于草图的完全定义。

下面，我们将展示该零件的构建过程，如图2-8、图2-9所示。

在图2-8所示的步骤中，先标注圆的直径大小，整个绘图区域的大小比例就可以确定下来，在下一步连续绘制多条线条时，就能大致确定每条线条绘制的长度，这样可以使得后续标注尺寸时，草图就不会有过大的缩放或完全变形，从而非常有利于节省草图绘制的时间和减少出错的概率。

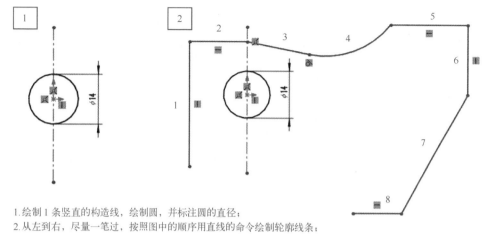

1. 绘制 1 条竖直的构造线，绘制圆，并标注圆的直径；
2. 从左到右，尽量一笔过，按照图中的顺序用直线的命令绘制轮廓线条；
3. 与10°斜线相切的*R*19圆弧，也可以用直线命令连续绘制。

图2-8　轮廓草图的绘制

　　在图2-9中，先标注与原点相关的尺寸，这样可以快速地将左边的线条先完全定义（线条变成黑色）。然后，标注总体性的尺寸，如81mm和57mm，使得草图不会因为标注某些小尺寸而发生变形。

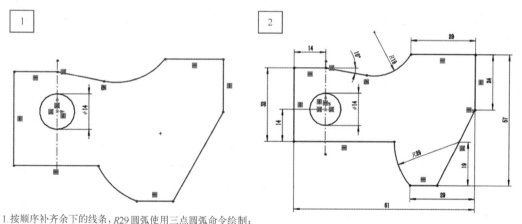

1. 按顺序补齐余下的线条，*R*29圆弧使用三点圆弧命令绘制；
2. 标注尺寸，先标注左侧与原点相关的尺寸14mm和32mm，然后标注57mm／81mm等总体尺寸，最后标注其它尺寸；
3. 标注所有尺寸，添加必要的几何关系，完成草图的完全定义。

图2-9　完成轮廓草图的绘制

　　完成轮廓草图的绘制后，将该草图拉伸43mm，最后利用特征里的圆角和倒角命令，即可快速完成该模型的三维建模，如图2-10所示。

　　最后，利用特征的圆角和倒角命令，完成该模型的构建，如图2-10所示。在该模型中，大部分的工作和时间都是绘制草图，而绘制草图的工作主要是绘制线条、标注尺寸和添加几何关系。

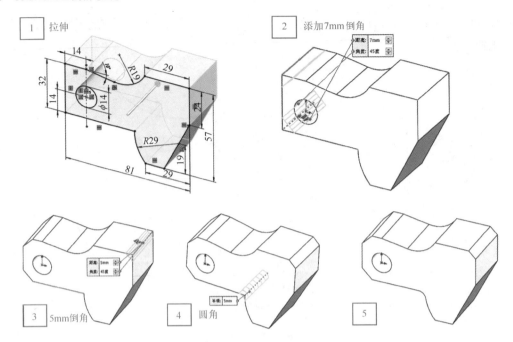

图 2-10　利用特征里的圆角和倒角完成模型的构建

在 CSWA 的考题中，图 2-6 的模型会被进一步要求改动，如将 A、B、C 的尺寸，由 81mm/57mm/43mm，分别更改为 84mm/59mm/45mm。要求这样设置的原因是：如果草图绘制是规范的，那么尺寸的更改可以很顺利；如果草图绘制是不规范的，那么，尺寸的更改可能导致草图错误或草图变形，达不到正确的要求，而需要去修改部分工作。因此，CSWA 是以此种方式来考验学习者建模的准确性和规范性。

2.2　快捷键与快速性

在三维建模的过程中，需要对模型进行缩放、旋转、平移等操作，需要选择不同的命令执行不同的功能，而这些操作，大部分都是通过操作鼠标来完成，这种情况会导致右手过于繁忙（建模速度难以提高），左手过于空闲。因此，通过设置键盘上的快捷键（用键盘的操作替代鼠标的操作，且快捷键的使用通过左手来完成），可以有效地分担右手的操作，大大提高建模的速度。

进入快捷键的设置流程是："工具—自定义—键盘"，如图 2-11 所示。通过搜索，可以快速找到需要设置快捷键的命令。某个命令对应的快捷键可以是单个按键，如按键（字母）"A"对应"拉伸凸台"；也可以是多个按键的组合，如按键"Ctrl"和按键"A"（Ctrl+A）对应"拉伸凸台"。

设置快捷键，是提高建模速度的一个有效途径。另一个有效途径是根据模型的特点，采用合适的建模方法和步骤，如镜像、阵列等（图 2-6 的模型，将圆角和倒角结构放在特征里做，也是一种快速建模的方法）。如图 2-12 所示，需要构建该模型。对该模型进行分析，如图 2-13 所示，该模型为左右对称结构，因此可以只绘制一半的草图，再将该部分草图镜像；对完成的草图拉伸后，再添加一个拉伸切除，就能完成该模型的构建。

图2-11　快捷键的设置

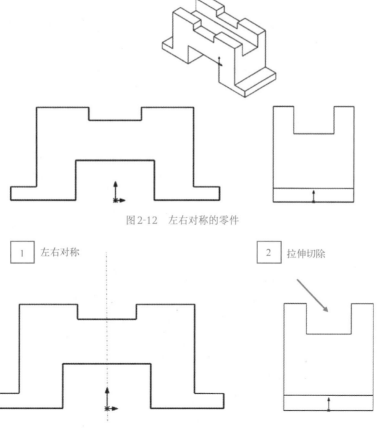

图2-12　左右对称的零件

图2-13　模型的分析

因此，关键是绘制轮廓草图，如图2-14所示，按照图2-8的方法，尽量一笔绘制完整的草图，然后标注尺寸，可以大大缩减草图绘制的时间。

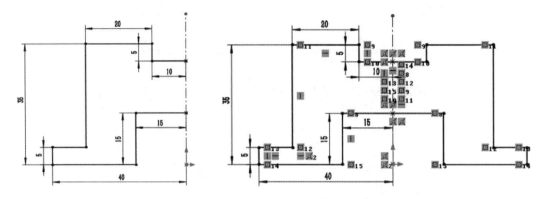

图 2-14　通过镜像完成草图的绘制

2.3　建模方法的多样性

在前章曾讲述过，零件的种类可分为整体式零件和分体式零件，而有些零件却难以清晰界定其是整体式零件还是分体式零件，因此也就有了不同的且相对都合理有效的建模方法。

图2-15展示的是一个结构相对简单的零件。该零件对于初学者来说，虽然结构简单，但可能不易建模（可能的原因是该零件形状不规整）。而该零件实际上有多种建模的方法。下面展示该零件的不同建模方法时，也将同时介绍一些SolidWorks的新功能和新命令。

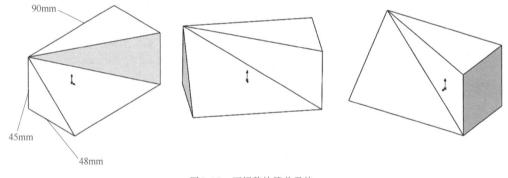

图 2-15　不规整的简单零件

（1）将该零件视为整体式零件。整体式零件的建模方法，是在第一步就构建一块足够大的材料。在该案例里，第一步应该构建一块90mm×45mm×48mm的长方体材料，然后利用【3D草图】命令，绘制一个3D草图进行拉伸切除，即得到所要的最终结构。具体过程见图2-16。

① 在该种建模方法中，绘制的三角形草图，其三条边线分别位于三个平面上。虽然三角形的三条边实际上也位于同一个倾斜平面内，但是由于该平面不存在，因此无法直接使用2D草图来绘制该草图，而只能使用3D草图来绘制。3D草图允许同一个草图里的线条位于不同的平面内，即该草图可以为平面草图，也可以为立体草图。

② 将该模型视为整体式零件的另一种建模方法见图2-17，即通过2D草图来进行拉伸切除，其余步骤与上种方法相同。该种方法需要新建一个基准面，2D草图即绘制在新的基准面上。类似3D草图的拉伸切除，也可以给2D草图指定一个拉伸切除的方向。

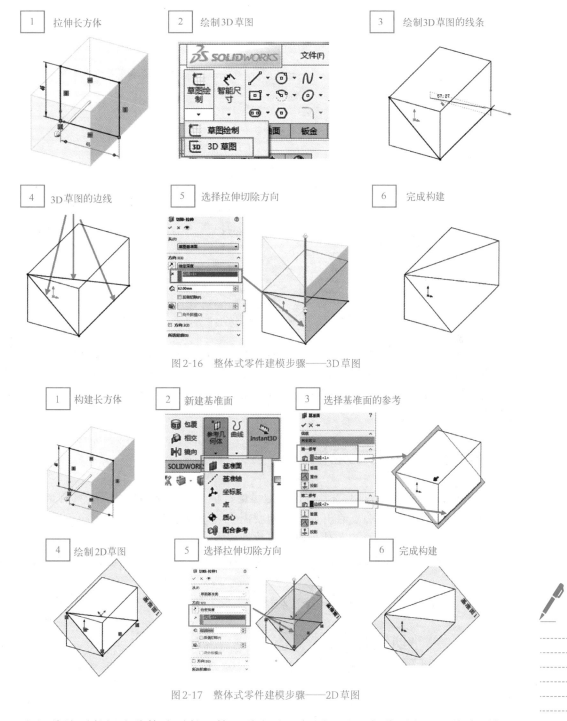

图2-16　整体式零件建模步骤——3D草图

图2-17　整体式零件建模步骤——2D草图

（2）将该零件视为分体式零件。第一种方法，如图2-18上部分图所示，将该零件视为两块三棱型零件，通过两个拉伸凸台操作即可构建该零件。第二种方法，如图2-18下部分图所示，利用放样的功能构建第二块材料。放样需要两个草图，一个草图为矩形，绘制在三棱型零件的一个端面；另一个草图为一个点，绘制在三棱型零件另一个端面的左上角。使用放样命令的时候，将两个草图都选择为"轮廓"（无先后选择顺序），即完成零件的建模。

从上面的零件建模可以看出，一个零件可以有多种建模的方法，不同的方法会使用不同

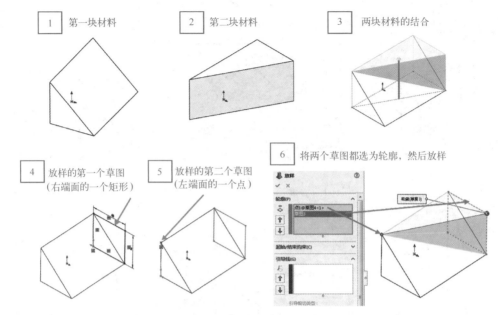

图 2-18　分体式零件的两种建模方法

的命令来完成。总体的原则是，能用简单的命令来完成，就不要用复杂的命令来完成。如上例，能够用拉伸凸台和拉伸切除来构建模型，就尽量不要用放样来构建，因为放样的命令需要同时使用两个草图。实际上，放样命令可以使用更多的草图，实现更复杂的结构（放样与扫描都是特征里的高级命令）。

2.4　建模的步骤与规范性

简单的零件，建模过程中不需要有过多地考虑；但是，复杂的模型，即具有很多特征、需要很多步骤才能完成的零件，在开始建模前就需要规划好建模的步骤和顺序，以使得后续修改任何一个草图时，都不会引起建模错误或软件报警。

如图 2-19 所示，是一种手压阀。手压阀是吸进或排出液体的一种手动装置，当握住手柄

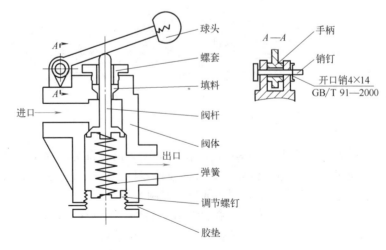

图 2-19　手压阀（由广东省工程图学学会提供）

向下压紧阀杆时，弹簧受力压缩使阀杆向下移动，液体入口与出口相通。手柄向上抬起时，由于弹簧力作用，阀杆向上压紧阀体，使液体入口与出口不通。

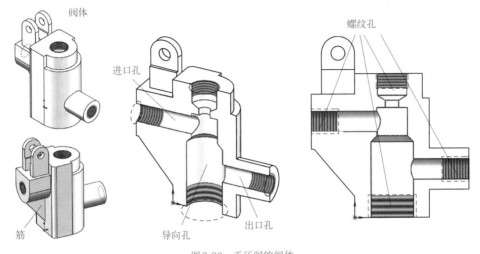

图2-20　手压阀的阀体

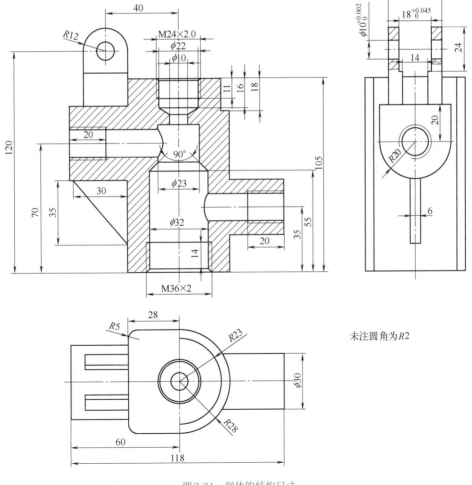

图2-21　阀体的结构尺寸

图2-20是手压阀的阀体，图2-21是阀体的结构尺寸图。该零件包含较多的结构。其中，导向孔部分的结构与进口孔、出口孔之间都有关联，且贯穿阀体的主体。

下面展示该阀体的建模顺序和步骤，如图2-22所示。建模过程可参考本书附带视频"阀体的三维建模"，可扫描二维码观看。在添加材料的过程中，先添加零件中最大的那块材料，然后添加其它小结构的材料；在去除材料构建内孔的过程中，先构建导向孔部分的结构，再构建进口孔和出口孔部分的结构。

阀体的
三维建模

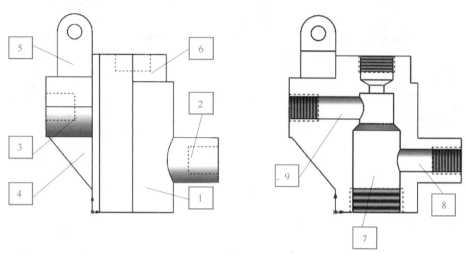

遵循分块式零件的建模步骤：先添加材料，再去除材料。

图2-22　阀体的建模顺序

图2-22展示了构建阀体的九个主要步骤，下面展示每个步骤的详细构建过程，主要是展示每个步骤的草图如何绘制、绘制在哪个平面上。

（1）步骤一：阀体的主体建模，如图2-23所示。将圆心定位在原点上，原因是工程图给出的尺寸以R28的圆心为基准点，这样也有利于后续标注尺寸。

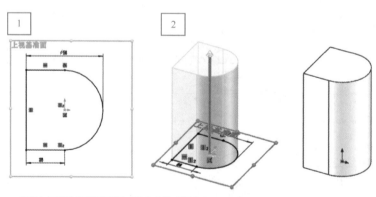

1.选择上视基准面绘制草图；圆心定位在原点上；
2.拉伸105mm。

图2-23　主体部分的建模

（2）步骤二：阀体的出口孔建模，如图2-24所示。选择右视基准面绘制草图，拉伸58mm。

（3）步骤三：进口孔的建模，如图2-25所示。选择右视基准面绘制草图，拉伸60mm。

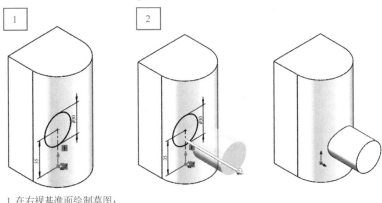

1. 在右视基准面绘制草图；
2. 拉伸58mm。

图2-24 出口孔的建模

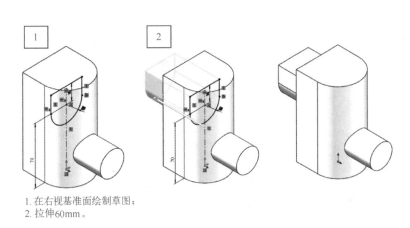

1. 在右视基准面绘制草图；
2. 拉伸60mm。

图2-25 进口孔的建模

（4）步骤四：筋的建模，如图2-26所示。在前视基准面绘制筋的草图，选择特征里面的【筋】命令，设置好参数和方向，生成筋。筋的草图一般为一条直线。

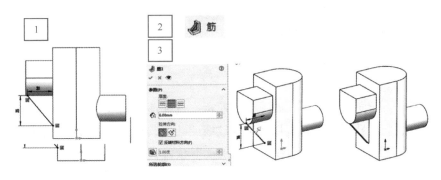

1. 在前视基准面绘制筋的草图；
2. 选择特征里面的【筋】命令，并设置好参数。

图2-26 筋的建模

（5）步骤五：销座的建模，如图2-27所示。选择前视基准面，绘制草图，两侧对称拉伸30mm；然后添加两个切除命令，将销孔贯穿，完成销座的建模。

（6）步骤六：凸缘的建模，如图2-28所示。在主体的顶面绘制一个半圆环的草图，然后拉伸切除，完成凸缘的建模。

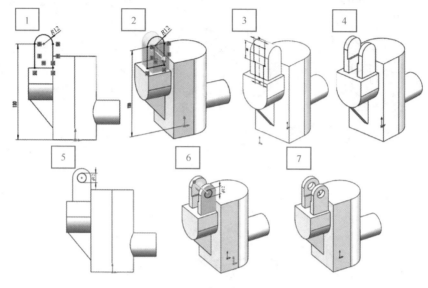

图 2-27　销座的建模

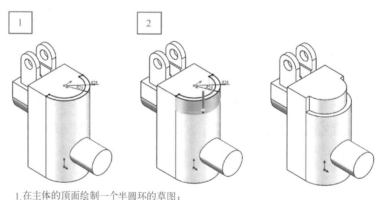

1.在主体的顶面绘制一个半圆环的草图；
2.拉伸切除18mm。

图 2-28　凸缘的建模

（7）步骤七：导向孔的建模，如图2-29所示。选择前视基准面，绘制一个用于旋转切除的草图来生成导向孔；然后，利用装饰螺纹线的功能，做出两个螺纹的装饰性效果。在SolidWorks三维建模中，一般不构建实际的螺纹形状，否则会导致零件结构过多，软件卡顿，不利于操作。插入装饰螺纹线的顺序是"插入—注解—装饰螺纹线"。

（8）步骤八：出口孔的建模，如图2-30所示。通过一个拉伸切除和添加装饰螺纹线即可完成出口孔的建模；按图示的草图来做拉伸切除，可以选择"成形到下一面"的终止条件。

（9）步骤九：进口孔的建模，如图2-31所示。与出口孔的建模步骤一致。

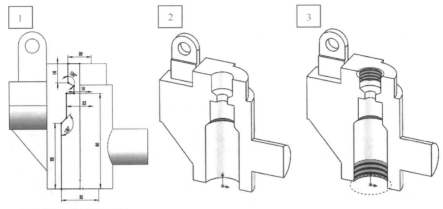

1.选择前视基准面绘制草图；
2.旋转切除；
3.添加装饰螺纹线。

图2-29 导向孔的建模

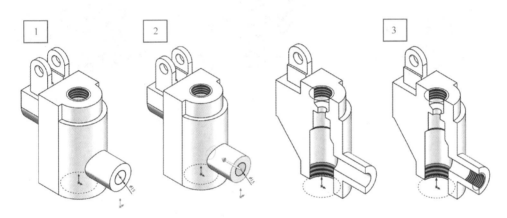

图2-30 出口孔的建模

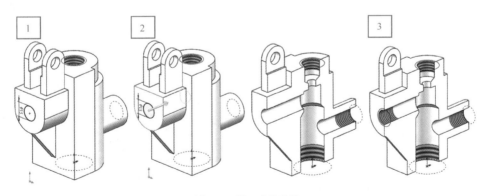

图2-31 进口孔的建模

  最后，添加必要的圆角和倒角，完成阀体的三维建模。上述过程展示了一个复杂零件的规范性建模方法，即：①建模前对零件进行分析，并做好建模步骤和顺序的规划；②每一步选择合适的平面，绘制简单的草图，以最大程度避免建模过程中出现错误，且尺寸的标注尽量与题目给出的标注一致；尽量不要去绘制复杂的草图。

图2-32所示的复杂零件，供学习者用于练习规划复杂零件的建模步骤和顺序，在经过大量复杂零件的训练后，即可理解不同复杂零件的建模思路，当遇到新的复杂零件时，也会在短时间内掌握其建模步骤和顺序。

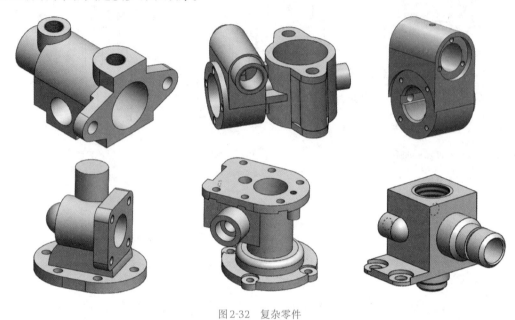

图2-32　复杂零件

第3章　三维设计的应用

前面两章讲述了SolidWorks的基本功能及三维建模的规范性，本章将分别从工程图、钣金和焊件等角度，讲述SolidWorks三维设计的应用。工程图、钣金和焊件的功能，在产品设计过程中会大量使用。

3.1　从三维模型到工程图

3.1.1　从零件制作工程图

以上一章的阀体为例，讲述出零件工程图的过程。

（1）已构建好三维模型的零件，从三维模型文件制作工程图的流程是："文件—从零件制作工程图"，如图3-1所示。

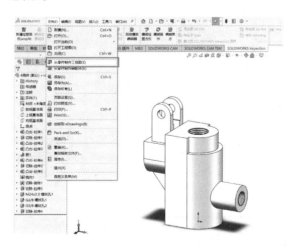

图3-1　从零件制作工程图

（2）执行上述操作后，选择合适的图纸模板，如图3-2所示，进入工程图的页面。

（3）进入工程图后，鼠标移动到左侧"图纸1"位置，如图3-3所示，右键选择"编辑图纸格式"，对图纸的格式进行更改。

（4）删除原有图纸的所有格式并重新编辑，利用【直线】命令重新绘制图纸的边框和标题栏。重新编辑后的图纸格式如图3-4所示。编辑完成后，按右上角的 图标，如图3-5所示，退出图纸编辑状态。

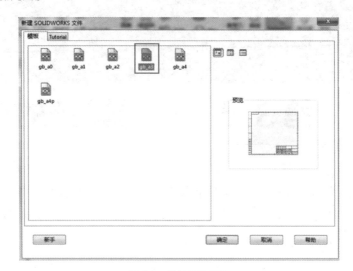

图3-2　选择图纸模板

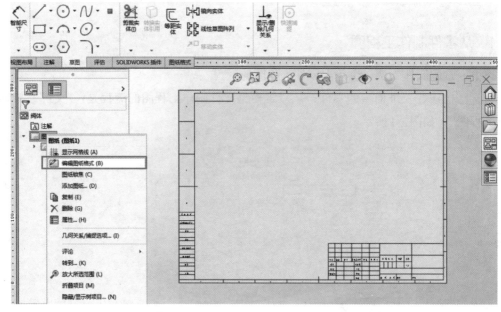

图3-3　编辑图纸格式

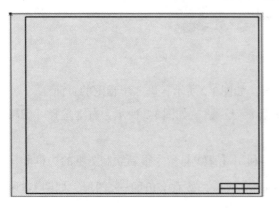

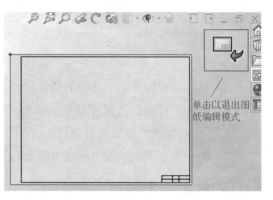

单击以退出图纸编辑模式

图3-4　编辑后的图纸格式　　　　　　图3-5　退出图纸编辑状态

（5）在注释选项卡中选择【注释】命令并填写标题栏，如图3-6所示。

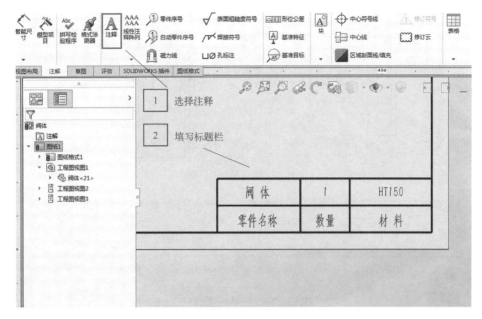

图3-6　选择注释并填写标题栏

（6）将视图调色板中的视图拖入（鼠标左键选中某个视图）工程图图纸中，并更改图纸比例，如图3-7所示。

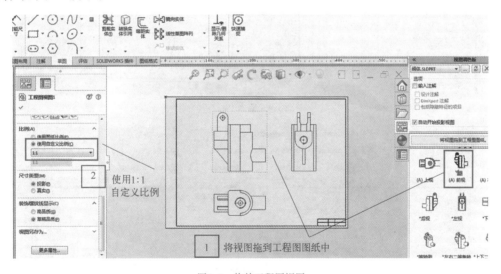

图3-7　拖放工程图视图

（7）选择草图选项卡中的【矩形】命令绘制矩形，并用该矩形框住要剖切的视图，在视图布局选项卡中单击【断开的剖视图】命令，选择进口孔的圆周作为剖切深度，具体步骤如图3-8所示。

（8）在注释选项卡中选择【中心符号线】命令或【中心线】命令，对孔及圆柱面插入中心线，如图3-9所示。

（9）选择注释选项卡中的【智能尺寸】为零件添加各个需要的尺寸，如图3-10所示。

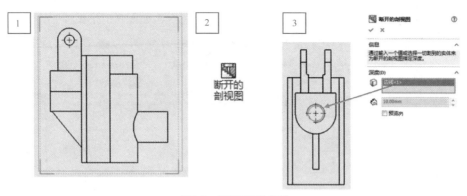

图3-8　剖切视图的步骤

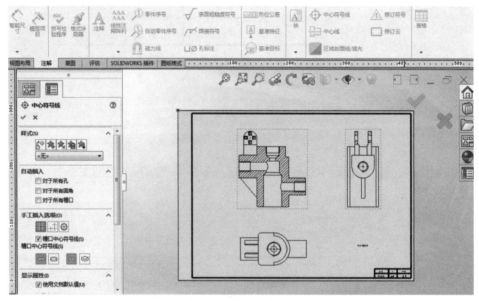

图3-9　插入中心线

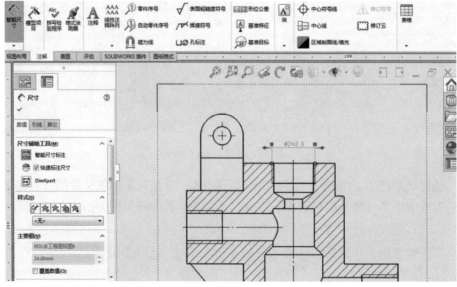

图3-10　对零件标注尺寸

（10）绘制完成的阀体工程图，如图3-11所示。

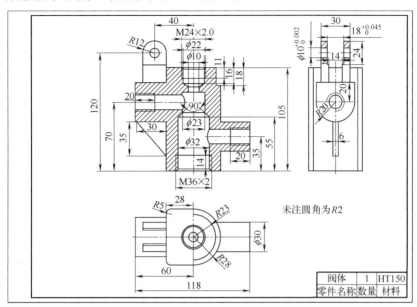

图3-11　阀体工程图

上述对由零件三维模型生成工程图的步骤做了一些简化。另外，值得一提的是，如果后续对三维模型的尺寸进行了更改，则工程图中相应的尺寸也会自动进行更改，反之亦然；如果后续对三维模型的结构进行了更改，如删除了某个拉伸特征等，则工程图中不会显示被删除特征的线条，且对应的尺寸会显示出错（黄色）。

3.1.2　从装配体制作工程图

下面展示从装配体生成装配体工程图的过程。详细过程可扫描二维码查看本书附带的演示视频"从装配体制作工程图"。

（1）操作流程是："文件—从装配体制作工程图"，如图3-12所示。

从装配体
制作
工程图

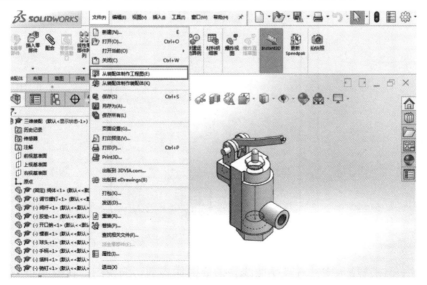

图3-12　从装配体制作工程图

（2）进入工程图页面后，鼠标右键单击设计树中的"图纸1"，选择"属性"，可以自定义图纸大小，如图3-13所示。

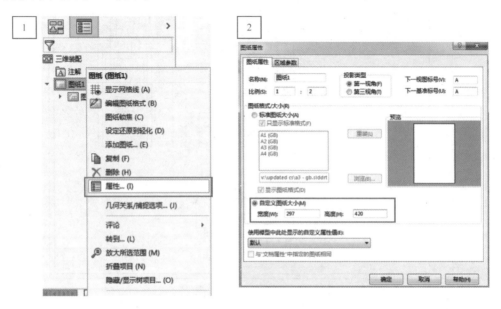

图3-13　自定义图纸大小

（3）按照前文所述步骤，删除原有图纸格式并重新编辑，重新编辑后的图纸格式如图3-14所示。

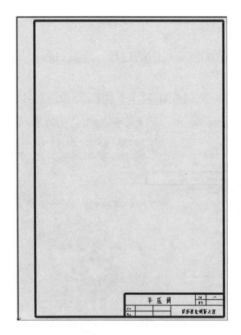

图3-14　编辑后的装配体图纸格式

（4）选用草图选项卡中的【样条曲线】命令框住要剖切的视图，在视图布局选项卡中单击【断开的剖视图】命令，选择"边线1"作为剖切深度，如图3-15所示。

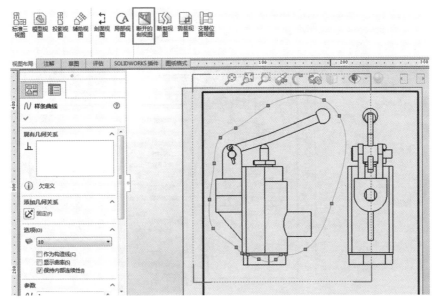

图3-15 剖切装配体

（5）选用草图选项卡中的【样条曲线】命令，绘制曲线框住右视图要保留的部分，在视图布局选项卡中单击【剪裁视图】，主视图中未被样条曲线框住部分将被剪裁，如图3-16所示。

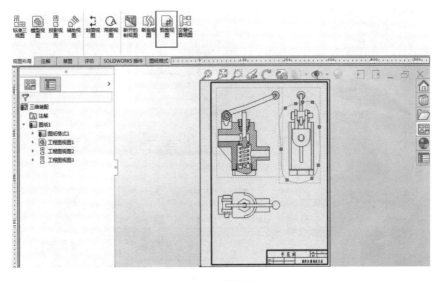

图3-16 剪裁视图

（6）鼠标移动到需要隐藏的零部件上，然后鼠标按照"右键—显示/隐藏—隐藏零部件"的操作流程，可隐藏零部件，如图3-17所示。

（7）在注释选项卡中选择【零件序号】命令，为零件标注序号，如图3-18所示。

（8）在注释选项卡中执行"表格—材料明细表"操作，并选择其中一个工程视图（如主视图）作为材料明细表的指定模型，从而生成材料明细表，如图3-19所示。生成材料明细表后的手压阀装配体的完整工程图如图3-20所示。

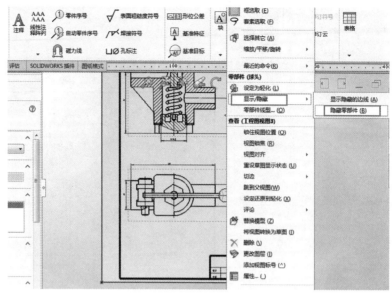

图3-17　隐藏零部件

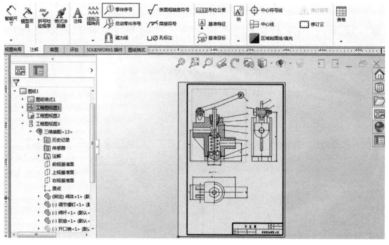

图3-18　插入零件序号

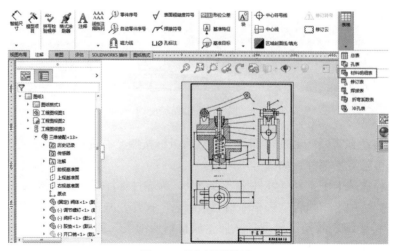

图3-19　插入材料明细表

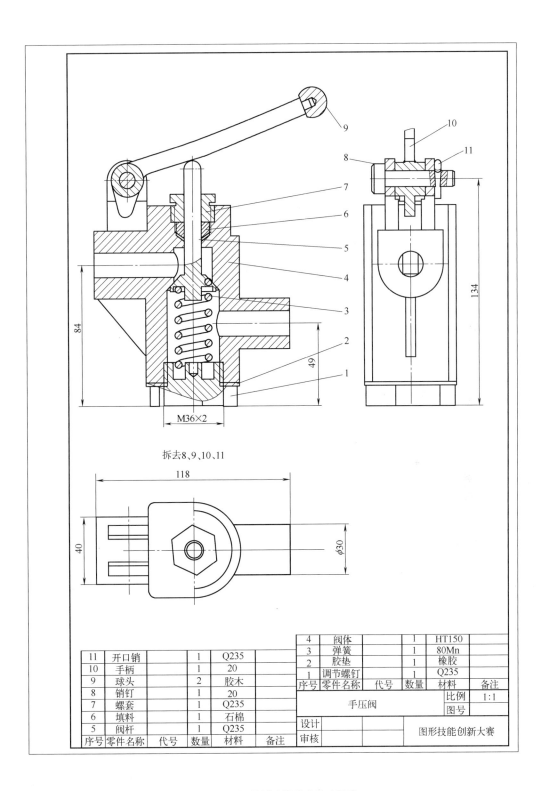

拆去8、9、10、11

11	开口销		1	Q235	
10	手柄		1	20	
9	球头		2	胶木	
8	销钉		1	20	
7	螺套		1	Q235	
6	填料		1	石棉	
5	阀杆		1	Q235	
序号	零件名称	代号	数量	材料	备注

4	阀体		1	HT150	
3	弹簧		1	80Mn	
2	胶垫		1	橡胶	
1	调节螺钉		1	Q235	
序号	零件名称	代号	数量	材料	备注

				比例	1:1
	手压阀			图号	
设计					
审核				图形技能创新大赛	

图 3-20　手压阀装配体的完整工程图

3.2 钣金

如图3-21所示，是一个不锈钢线槽支架。线槽支架用于抬高线槽，以使得线槽不需要直接安放在地面上，避免地面积水带来的不利影响。

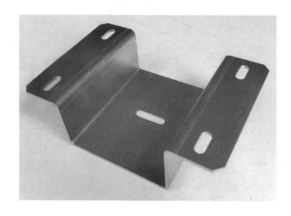

图3-21　线槽支架

下面运用三种不同的方法对该线槽支架进行三维建模。

3.2.1　线槽支架的常规方法三维建模

线槽支架
的常规
方法
三维建模

利用【凸台-拉伸】与【镜像】等功能完成建模，步骤如下。建模过程可参考本书附带视频"线槽支架的常规方法三维建模"，可扫描二维码观看。

（1）步骤一：构建线槽支架的草图，如图3-22所示。选择前视基准面，在原点构建中心线，绘制线槽截面草图的左半部分，再通过草图的【镜像】命令完成右侧对称草图的绘制。

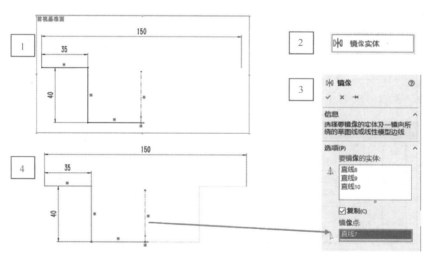

1.在前视基准面绘制草图；
2.选择草图里面的【镜像】命令，并选择好线。

图3-22　线槽支架的草图绘制

（2）步骤二：选择两侧对称的拉伸凸台，如图 3-23 所示，拉伸长度 100.00mm，薄壁特征 2.00mm。

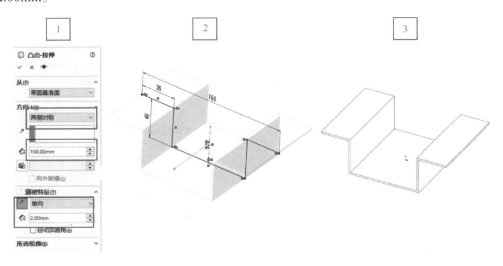

1. 选择特征里面的【凸台－拉伸】命令，选择两侧对称，拉伸凸台 100.00mm；
2. 薄壁特征厚度 2.00mm 。

图 3-23　两侧对称拉伸

（3）步骤三：顶面槽口的建模，如图 3-24 所示。选择主体顶面绘制草图，拉伸切除 2.00mm。通过两次应用【镜像】功能完成对称顶面槽口的绘制，如图 3-25 所示。

（4）步骤四：底部槽口的建模，如图 3-26 所示。选择草图的【槽口】命令，再选择中心槽口，在底面中心点绘制槽口草图，设置好参数，拉伸切除 2mm。

（5）步骤五：细节绘制，如图 3-27 所示。选择拐角处内外边线，添加半径为 2mm 的圆角；选择顶部四角边线，添加距离为 5mm、角度为 45°的倒角。至此，利用拉伸凸台的方法完成了线槽支架的三维建模。

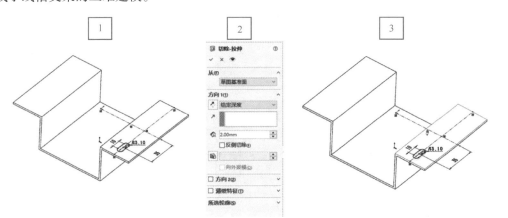

1. 在主体的顶面绘制一个槽口的草图；
2. 拉伸切除 2.00mm 。

图 3-24　顶面槽口的建模

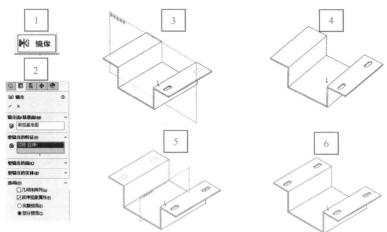

1.选择特征里面的【镜像】命令，基准面选择前视基准面，并选择"要镜像的特征"；
2.第二次【镜像】，基准面选择右视基准面，并选择"要镜像的特征"。

图3-25　顶面槽口镜像

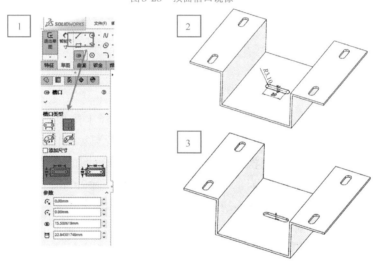

1.选择草图里面的【槽口】命令，选择中心槽口，在零件底面中心点画槽口草图；
2.拉伸切除2mm。

图3-26　底部槽口的建模

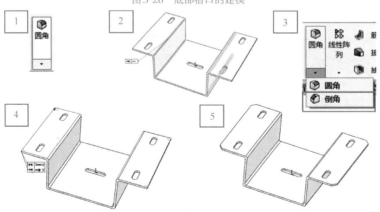

1.选择拐角处内外边线，添加半径为2mm的圆角；
2.选择顶部四角边线，添加距离为5mm、角度为45°的倒角。

图3-27　添加圆角和倒角

3.2.2 线槽支架的钣金方法三维建模

方法一：利用钣金的方法对槽线支架进行建模。详细步骤可扫描二维码观看本书附带视频 "线槽支架的钣金方法三维建模（一）"。

（1）步骤一：如图 3-28 所示，在选项卡中按下鼠标右键，再选择 "钣金" 后单击对钩，选项卡中会增加钣金的选项。

（2）步骤二：参考 3.2.1 中的步骤，绘制线槽支架截面草图，如图 3-29 所示，再选择钣金里面的【基体法兰/薄片】命令，设置好钣金的厚度为 2.00mm，折弯半径为 2.00mm，折弯系数中选择折弯扣除 3.80mm。

线槽支架的钣金方法三维建模（一）

图 3-28 增加钣金选项

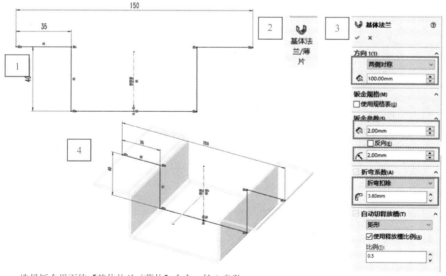

选择钣金里面的【基体法兰／薄片】命令，输入参数。

图 3-29 基体法兰/薄片

（3）步骤三：由于钣金有折弯半径，所以不需要专门去添加圆角。最后，添加倒角，完成支架建模，如图 3-30 所示。

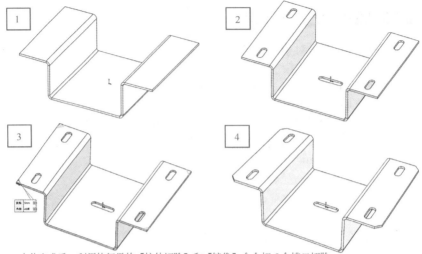

1.本体完成后，利用特征里的【拉伸切除】和【镜像】命令把5个槽口切除；

2.选择顶部四角边线，添加距离为5mm、角度为45°的倒角。

图3-30　添加倒角完成支架的建模

线槽支架
的钣金方
法三维
建模（二）

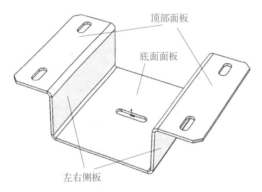

图3-31　支架的拆分

方法二：利用钣金的另一种方法对线槽支架进行建模。详细步骤可扫描二维码观看本书附带视频"线槽支架的钣金方法三维建模（二）"。

（1）步骤一：线槽支架可以拆分成三个部分，分别是底面面板、左右侧板和顶部面板，如图3-31所示。在上视基准面绘制草图，如图3-32所示，选择钣金的【基体法兰】命令，设置钣金厚度为2.00mm，折弯系数选择折弯扣除3.80mm，完成底面面板的建模。

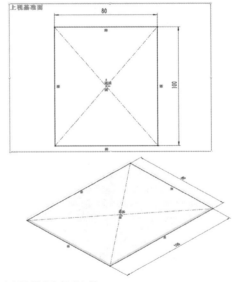

1.在上视基准面画矩形草图；

2.选择钣金里面的【基体法兰】命令，定义钣金厚度和折弯扣除。

图3-32　底面面板的建模

（2）步骤二：如图3-33所示。选择钣金的【边线法兰】命令，选择需要折弯的边线，设置折弯角度为90.00°，法兰的长度为40.00mm，完成左右侧板的建模。

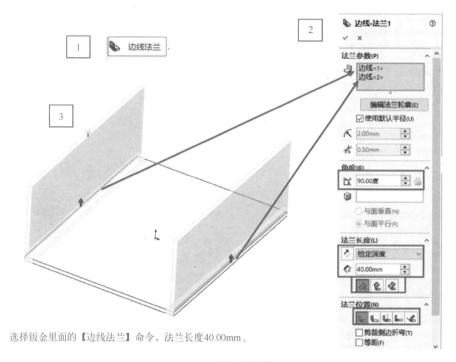

选择钣金里面的【边线法兰】命令，法兰长度40.00mm。

图3-33　左右侧板的建模

（3）步骤三：如图3-34 所示，再次选择钣金里的【边线法兰】命令，选择需要折弯的边线，设置折弯角度为90.00°，法兰的长度为35.00mm，完成顶部面板的建模。

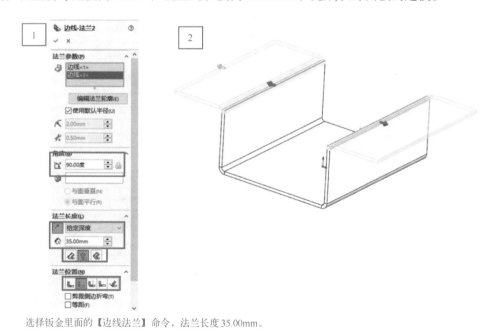

选择钣金里面的【边线法兰】命令，法兰长度35.00mm。

图3-34　顶部面板的建模

（4）步骤四：参考3.2.2方法一中的步骤三添加槽口和倒角，完成线槽支架的最终建模。

上述线槽支架的建模，3.2.2的方法一和方法二使用了钣金功能进行建模，其最大的优点是：可以把立体的三维钣金结构展开成平面结构，为激光切割下料直接提供加工图（DWG、DXF等格式）。这里介绍SolidWorks钣金展开的两种方法。

① 方法一：如图3-35所示，选择钣金的【展开】命令，可以把钣金的所有折弯边展开成一个平面。若要折叠，只需要再次单击【展开】命令即可。

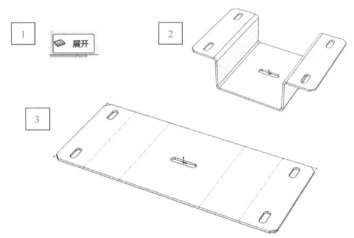

1.选择钣金的【展开】命令，可以把零件所有折弯边展开成平面；
2.重新点击【展开】命令，可以收起所有折弯边。

图3-35　钣金展开所有折弯边

② 方法二：如图3-36所示，选择钣金的【展开】命令，可以选择钣金的特定折弯边进行展开。

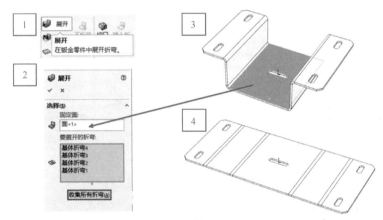

选择钣金的【展开】命令，可以选择特定零件折弯边展开成平面。

图3-36　钣金展开选择的折弯边

线槽支架的钣金折叠，如图3-37所示。选择钣金的【折叠】命令，可以选择钣金的特定折弯边折叠成立体。

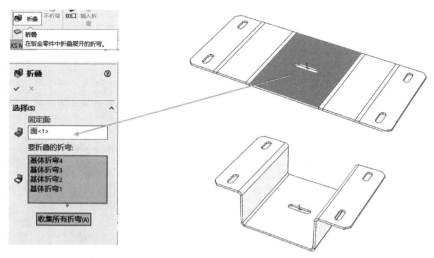

选择钣金的【折叠】命令，可以选择特定零件折弯边折叠成立体。

图3-37 钣金折叠选择的折弯边

3.3 焊件

型材在建筑工程、机械工程等领域大量使用。常用的型材种类包括槽钢（C槽）、工字钢、方形管、圆管（管道）、角铁和矩形管等，如图3-38所示。

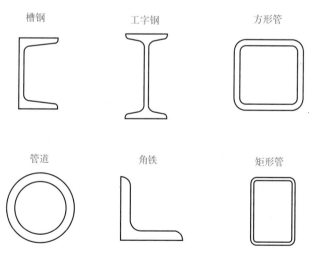

图3-38 部分常用型材的种类

型材的连接方式，通常是使用焊接或螺栓连接，下面介绍SolidWorks对应的焊件功能。增加焊件的选项，如图3-39所示。焊件常用的功能包括3D草图、结构构件、剪裁/延伸、顶端盖、角撑板、圆角焊缝等。

3.3.1 槽钢的焊件方法三维建模

要构建图3-40槽钢的三维模型，如果用特征的方法，则需要将其截面轮廓草图绘制出来，然后使用拉伸凸台的办法来实现。绘制截面轮廓草图将会耗费不少的时间，特别是如果

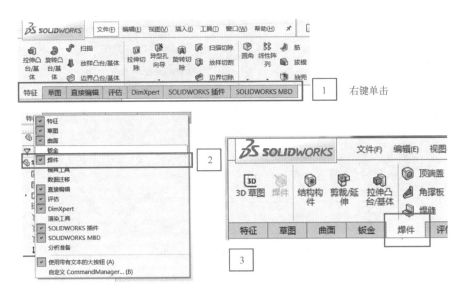

图3-39　在命令管理器中增加焊件选项

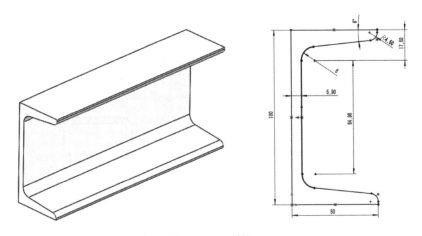

图3-40　10#槽钢

大量不同的零件都是型材零件的情况下。

　　使用焊件的方法构建图3-40的槽钢模型将会非常简单，如图3-41所示，只需要绘制一条直线作为草图。具体步骤如下。

　　（1）步骤一：开启一个草图，在该草图上绘制一条直线，标注尺寸后退出草图。

　　（2）步骤二：选择【结构构件】命令，在属性栏里依次对"标准""类型（Type）"和"大小"做出选择，然后，将刚才绘制的直线选进"组"里，即完成槽钢三维模型的构建。因此，相对于用特征（拉伸凸台）的方法来对型材进行三维建模，焊件的草图一般只需要绘制简单的直线即可。如果构件上还需要有其它开孔的结构，则可以通过拉伸切除等常规操作来实现。

　　结构构件属性栏里的"标准""类型（Type）"和"大小"，其二级菜单如图3-42所示，具体内容根据选择的项不同而会有所不同。

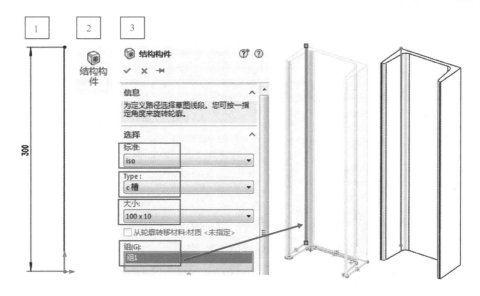

图 3-41　使用焊件的方法构建槽钢的三维模型

使用焊件
的方法构
建槽钢（构
件的重新
定位）

图 3-42　结构构件的选项明细

　　另外，在结构构件的属性栏里，还有旋转构件和定位构件的功能，如图 3-43 所示。旋转构件可以让型材以草图直线为旋转轴进行旋转，如图 3-44 所示；定位构件的使用，当按下"找出轮廓"按钮后，如图 3-45 所示，图形区域会自动将型材的轮廓局部放大显示。此时，鼠标点选轮廓上的其它控制点后，绘制的型材草图直线将与刚才选中的控制点重合。通过此操作，可以调整一个构件与另一个构件的相对位置。

图 3-43　旋转构件与定位构件

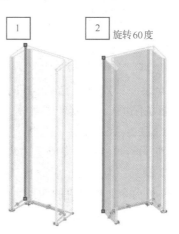

图 3-44　旋转构件

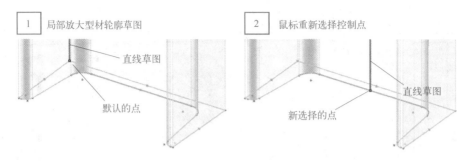

图3-45　构件的重新定位

3.3.2　焊接支架的焊件方法三维建模

焊接支架
的焊件方
法三维
建模

接下来通过图3-46的焊接支架，展示焊件的其它功能。

（1）首先，绘制支架的3D草图，如图3-47所示。3D草图的绘制过程如下。

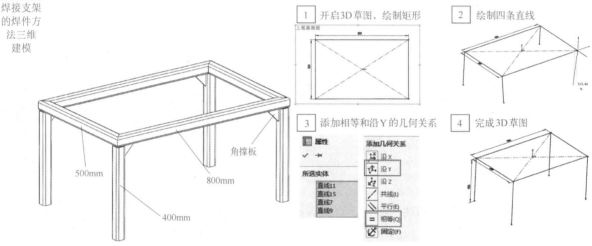

图3-46　焊接支架　　　　　　　　　　　图3-47　绘制支架的3D草图

① 步骤一：开启一幅3D草图，在上视基准面利用【矩形】绘制800mm×500mm的矩形。

② 步骤二：利用【直线】命令，绘制四条竖直的直线，并选中这四条竖直的直线，添加"相等"和"沿Y"的几何关系，最后对这四条直线中的其中一条标注尺寸400mm，完成3D草图的绘制并退出草图。

（2）然后，利用【结构构件】的功能，将3D草图转化成实体。具体步骤如下。

① 步骤一：点选【结构构件】命令，选择40mm×40mm×4mm的方形管，然后选择800mm的两条边线，使其变成实体，如图3-48所示。

② 步骤二：在"属性"栏里，点选"新组"按钮，然后选择500mm的两条边线，使其变成实体，如图3-49所示；完成上述两步后，两组方形管是以90°终端对接的方式进行了连接。

③ 步骤三：为了展示后面接口处理的效果，先退出【结构构件】命令，然后重新进入【结构构件】命令，将竖直的四条直线也转化成实体，如图3-50所示。

执行完上述三步操作后，3D草图完全转变成了实体构件，但是方形管连接处的接头是不正确的，如图3-50所示，需要后续进一步进行处理。

（3）接下来，应用【剪裁/延伸】的命令处理接头的效果。步骤如下。

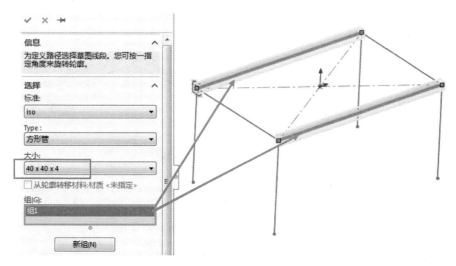

图3-48 将800mm的直线转变成实体

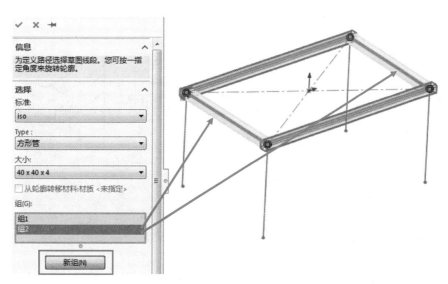

图3-49 将500mm的直线转变成实体

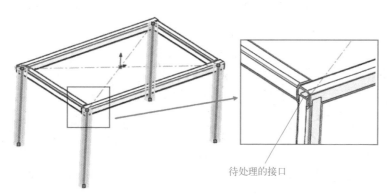

待处理的接口

图3-50 将400mm的直线转变成实体

① 步骤一：单击【剪裁/延伸】命令，选择如图3-51所示的"终端斜接"的边角类型，选择一组500mm和800mm的构件，执行【剪裁/延伸】的命令。重复该操作4次，将所有水

平的接头都处理成斜接的形式，如图3-52所示。

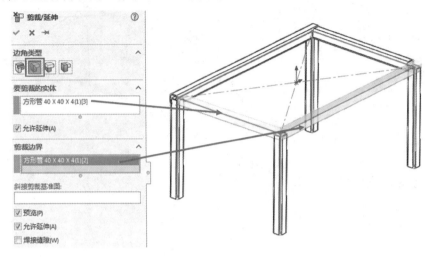

图3-51　利用【剪裁/延伸】命令处理水平接头

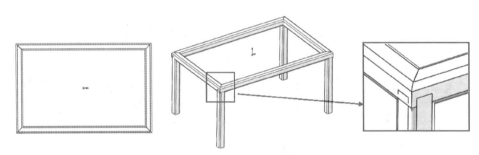

图3-52　水平接头的处理效果

②　步骤二：单击【剪裁/延伸】命令，选择如图3-53所示的"终端斜接"的边角类型，处理后的接头即达到了要求的效果；重复该操作4次，将所有剩余的接头都处理成该种形式。至此，完成了构件的构建及接头的处理。

（4）对部分方形管连接处添加角撑板，以使支架具有足够的刚度。如图3-54所示，选择【角撑板】命令，选择800mm和400mm方形管内侧的两个面组，设置角撑板的大小和位置。

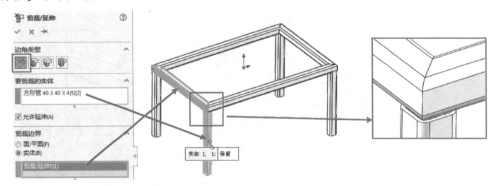

图3-53　其余接头的处理

（5）　在角撑板和方形管之间添加焊缝的效果。如图3-55所示，选择【圆角焊缝】命令，选择角撑板的一个面与方形管的一个面，对这两个面形成的边线添加圆角焊缝。重复该操作，可对所有需要的边线添加圆角焊缝的效果。至此，完成了支架构建的所有工作。

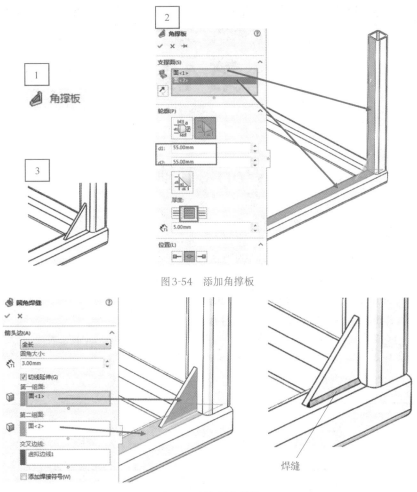

图3-54 添加角撑板

图3-55 添加圆角焊缝

SolidWorks焊件的方法在构建型材结构上具有非常大的便利性，可以利用焊件的方法快速构建其它型材结构，如图3-56的工业机器人底座和图3-57的立体车库。

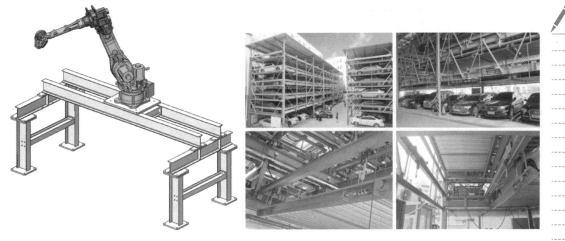

图3-56 工业机器人及其底座（浮沣轨道提供）   图3-57 立体车库（三浦车库提供）

第4章 部件测绘

4.1 实践项目1：SolidWorks长轴建模

4.1.1 实践目标

（1）掌握SolidWorks二维草图绘制的方法。

（2）掌握SolidWorks【旋转凸台/基体】、【拉伸切除】的建模方法。

（3）掌握SolidWorks附加特征【倒角】的建模方法。

（4）掌握SolidWorks添加螺纹装饰线的方法。

4.1.2 实践内容

根据图4-1的长轴零件图，建立长轴的三维模型。

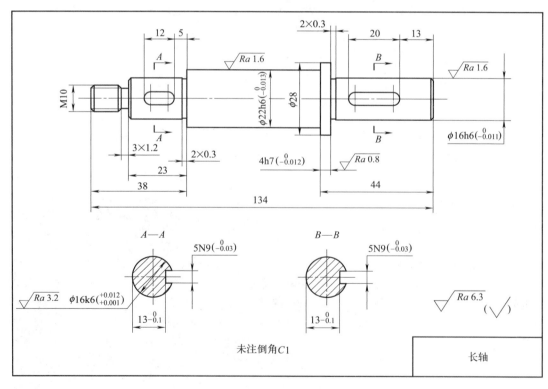

图4-1 长轴零件图

4.1.3 实践步骤提示

（1）新建文件。打开SolidWorks软件，选择【文件】—【新建】命令，出现"新建Solid-Works文件"对话框，在对话框中单击"零件"图标，单击"确定"按钮。如图4-2所示。

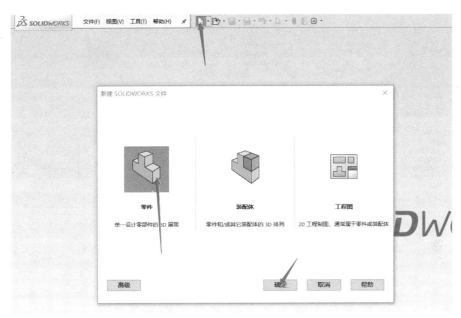

图4-2 新建文件

（2）选择基准面，进入绘制草图模式。在FeatureManager设计树中单击【前视基准面】作为基准面，单击【草图】工具栏上的【草图绘制】。如图4-3、图4-4所示。

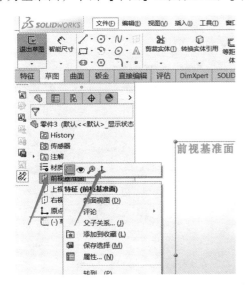

图4-3 选择【前视基准面】

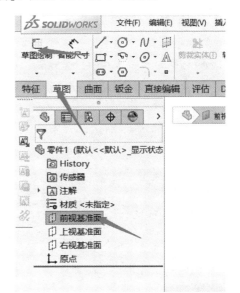

图4-4 选择【草图绘制】

特别提示： 用好SolidWorks三个默认的正交基准面绘制草图，可以大大提高建模效率。

建模前一定要有清晰的思路，理顺设计意图，统筹建模顺序，以便选择最佳基准面，应根据自己的建模方式进行选择。选择基准面后可单击图标 ⊥【正视于】或按键盘上的"Ctrl+8"，垂直于基准面，方便作图。

（3）绘制草图，单击【草图】工具栏中的【直线】 ✏️，进行草图绘制，如图4-5所示。

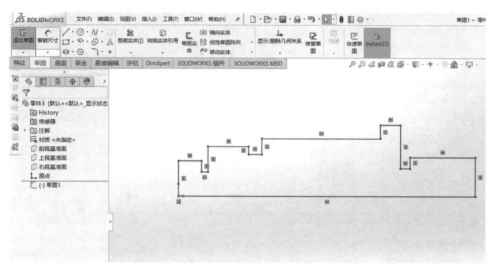

图4-5　绘制粗略的草图1

（4）绘制出大致图形之后，选择【草图】工具栏中的【智能尺寸】对各个已知尺寸进行标注。

特别提示：标注线长时，选择要标注的线移到空白位置左键确认输入数值；标注两线间距，则连续选择两线后再移到空白位置左键确认。对于标准零件图，最好将草图完全定义，即线条全为黑线，蓝线表示未完全定义。如图4-6所示。

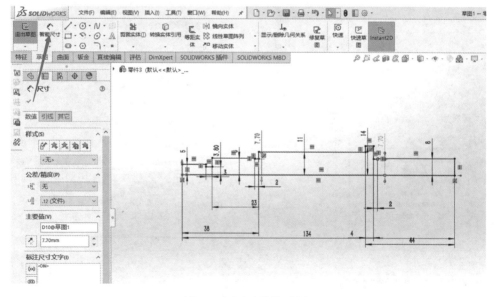

图4-6　完全定义的草图轮廓

（5）单击【退出草图】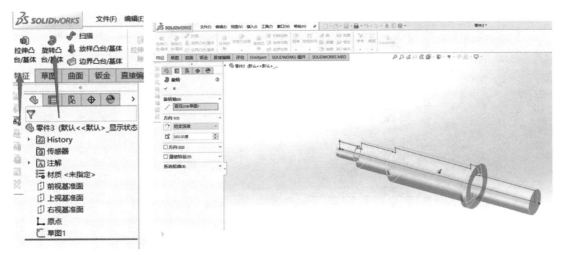，完成草图 1 的绘制。旋转凸台与预览模型结果如图 4-7 所示。

图 4-7 预览实体模型

（6）键槽特征。如图 4-8 所示，选择上视基准面，单击【草图】工具栏中的【草图绘制】，进行草图 2 的绘制。单击【直槽口】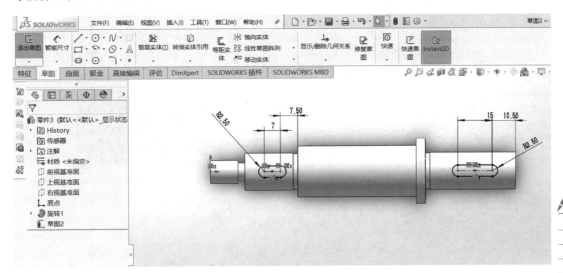，注意直槽口的中线须在基点的 X 轴延长线上，才能保证位于中心位置。

图 4-8 绘制草图 2

（7）单击【退出草图】，选择【特征】工具栏中的【拉伸切除】。如图 4-9 所示。

（8）在【切除-拉伸】功能窗口中，选择【草图基准面】，将其更改为【等距】，输入数值 5.00mm，选择选项【反向】，确认完成切除如图 4-10 所示。该处键槽通过等距反向直接切除。

特别提示：注意图中基准面的抬高即为【等距】的效果。说明：因为槽深 3mm，轴径 16mm，因此键槽的槽底和回转轴线距离为 5mm。

图4-9 选择【拉伸切除】

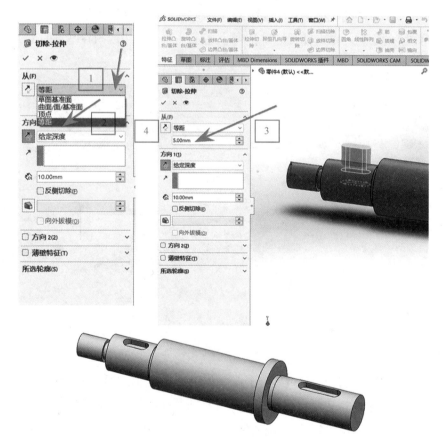

图4-10 拉伸切除

（9）倒角特征。如图4-11（a）所示，在【特征】工具栏中的【圆角】下面小箭头处下拉，选择【倒角】特征，选择左侧边线窗口，单击需要倒角的边线后，选择左侧距离选项，改变数值为1mm，最后确认完成倒角，如图4-11（b）所示。

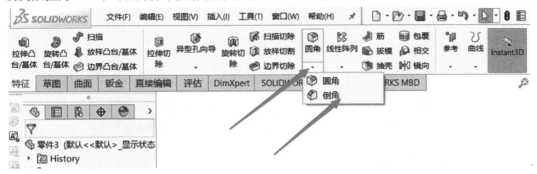

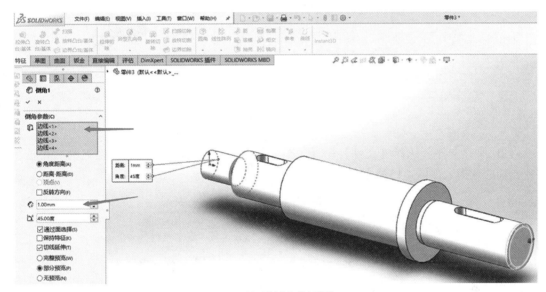

(a)【倒角】特征参数

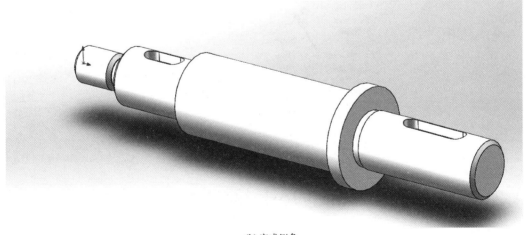

(b)完成倒角

图4-11　倒角特征

（10）添加装饰螺纹线。选择【插入】—【注解】—【装饰螺纹线】，选择边线，确认完成装饰螺纹线。如图4-12所示。

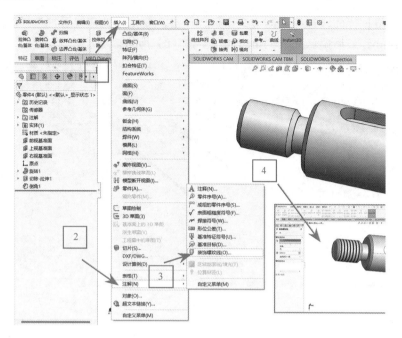

图4-12 添加装饰螺纹线

（11）保存文件。选择【文件】—【另存为】，选择合适的保存路径，命名为"长轴"，完成长轴的建模。如图4-13所示。

实践项目
2：Solid-
Works
泵盖建模

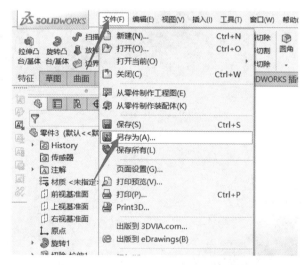

图4-13 保存文件

4.2 实践项目2：SolidWorks泵盖建模

4.2.1 实践目标

（1）进一步掌握SolidWorks二维草图绘制的方法。

（2）掌握SolidWorks【拉伸凸台/基体】、【拉伸切除】、【旋转切除】等特征建模方法。

（3）掌握SolidWorks【圆周阵列】、【镜像】等操作特征工具。

（4）掌握SolidWorks【圆角】、【倒角】等附加特征的建模方法。

4.2.2　实践内容

根据图4-14的泵盖零件图，建立泵盖的三维模型。

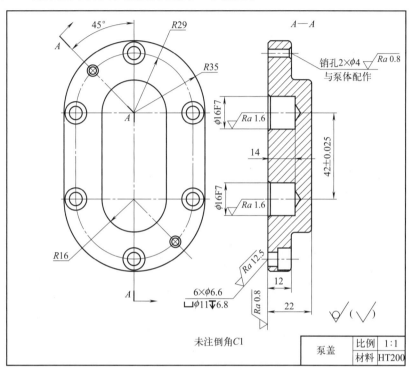

图4-14　泵盖零件图

4.2.3　实践步骤提示

（1）新建文件。打开SolidWorks软件，选择【文件】—【新建】命令，出现"新建SolidWorks文件"对话框，在对话框中单击"零件"图标，单击"确定"按钮。

（2）选择基准面，进入绘制草图模式。在FeatureManager设计树中选择合适的视图基准面作为草图基准面，单击【草图】工具栏上的【草图绘制】。开始绘制草图。选择【直槽口】 选项，绘制草图1并标注尺寸如图4-15。单击【退出草图】 ，完成草图1的绘制。

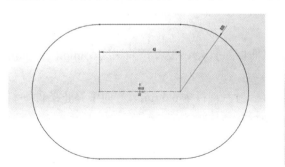

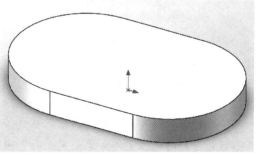

图4-15　绘制草图1　　　　　　　　　　　　　图4-16　拉伸

（3）选择【特征】工具栏中【拉伸凸台/基体】 ，设置拉伸距离，单击表示确认的对钩或按回车键，生成第一部分实体。如图4-16所示。

特别提示：直槽口的中心线中点最好与原点重合，以方便后续操作。

（4）选中实体的上表面作为基准面，单击【草图】工具栏上的【草图绘制】，如图4-17所示绘制第二部分实体的草图2。

特别提示：鼠标左键选中的部分均会高亮显示，如图4-18所示。为确保直槽口的长度相等可将草图1显示出来，方便绘图，下文同理。

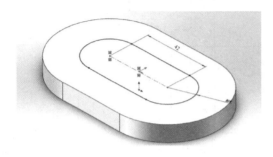
图4-17　绘制草图2

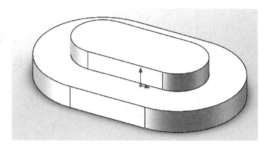
图4-18　拉伸得到上部分实体

（5）执行【特征】—【拉伸凸台/基体】，拉伸草图2得到上部分实体，如图4-18所示。

（6）继续选择第一部分实体上表面作为基准面进行草图3的绘制，圆直径为11mm。如图4-19所示。

特别提示：该处直槽口为确定圆的位置，可改为中心线。

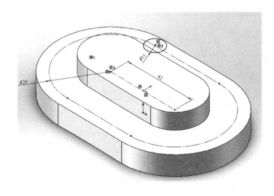
图4-19　绘制草图3

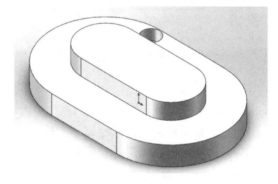
图4-20　拉伸切除

（7）退出草图，选择【特征】工具栏中【拉伸切除】 ，设置拉伸深度6.8mm，得到沉孔。如图4-20所示。

（8）选择切除圆柱底面，进行圆形草图4的绘制，直径为6.6mm。方向中终止条件一栏选择"完全贯穿"，得到阶梯孔特征。如图4-21所示。

特别提示：该处草图的圆的位置确定，可通过鼠标经过切除的圆，引出其圆心，再选择圆心做圆得到的圆位置即为完全定义的。同时此处切除因为是通孔，可以在切除方向中终止条件一栏选择完全贯穿。

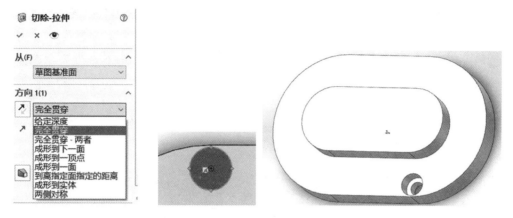

图4-21 阶梯孔建模

特别提示：以下的孔特征，可由在【特征】中的【异型孔向导】直接生成，在此不做演示，请读者自行学习。

（9）圆周阵列阶梯孔特征。在【特征】工具栏中选择【线性阵列】下拉的选项【圆周阵列】，如图4-22所示。

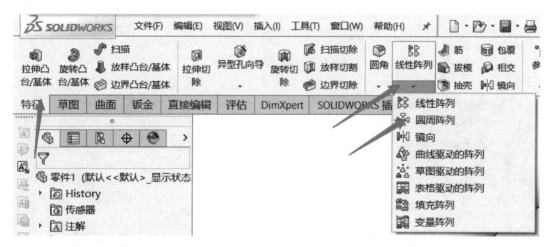

图4-22 选择【圆周】阵列

（10）圆周阵列参数设置。参数第一栏选择合适的边线。角度改为180.00度，等间距的实体为3个，勾上等间距。在特征和面一栏中选择FeatureManager设计树中后两个【切除-拉伸】。预览效果如图4-23所示。单击"确认"完成特征的圆周阵列。

（11）绘制销孔。先用中心线，对销孔的位置进行定位，再绘制直径为4mm的圆。退出草图，选择【特征】工具栏中【拉伸切除】，设置拉伸深度，完成销孔的建模，如图4-24所示。

（12）选择第一部分实体的下底面。绘制如图4-25所示的草图。设置深度为14mm，进行拉伸切除。

（13）旋转切除孔内的圆锥部分。选择前视基准面，绘制草图。退出草图，选择【特征】工具栏中【旋转凸台/基体】，完成特征。如图4-26所示。

特别提示：该处为确定特征的位置，可在绘制窗口的上方选择【剖面视图】▥再选择剖开的面，将零件剖开，观察内部结构。绘制完毕，再单击【剖面视图】以取消。

（14）将对称的特征进行镜像，完成泵盖零件的建模。

选择【特征】工具栏中的【镜像】功能 ▮◀▮ 镜像，选择合适的"镜像面"及"要镜像的特征"，如图4-27所示。单击确认，完成镜像。

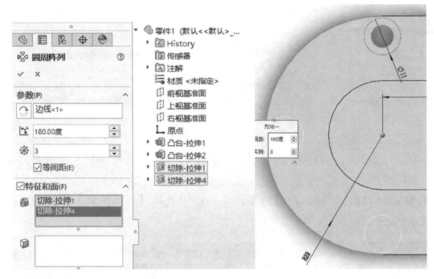

图4-23　【圆周阵列】设置

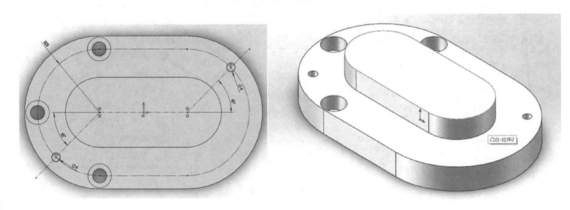

图4-24　销孔的建模

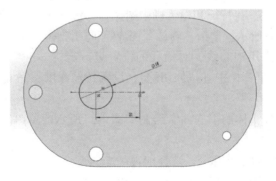

图4-25　绘制轴孔草图

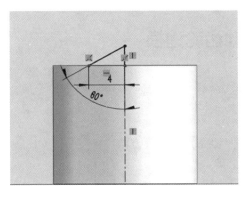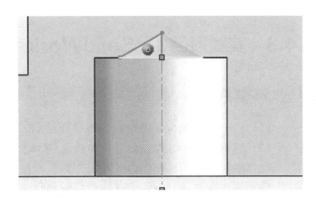

图4-26 旋转切除得到120°锥顶角

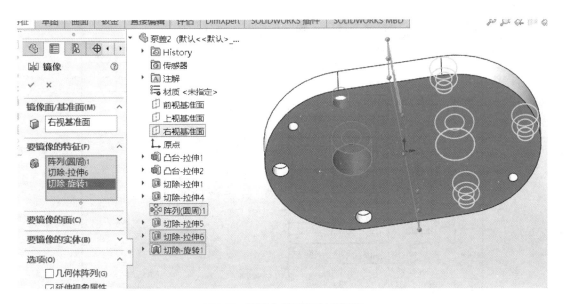

图4-27 【镜像】特征得到右侧结构

（15）最后，运用附加特征【圆角】、【倒角】等，对零件进行圆角、倒角等操作，完成零件的建模。如图4-28所示。

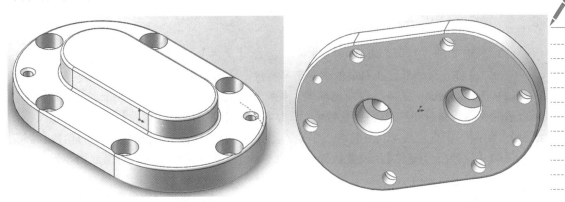

图4-28 圆角、倒角后，完成泵盖建模

4.3 实践项目3：SolidWorks 主动齿轮建模

4.3.1 实践目标

（1）进一步掌握 SolidWorks 二维草图绘制的方法。

（2）熟练掌握 SolidWorks【拉伸凸台/基体】、【拉伸切除】等建模方法。

（3）熟练掌握 SolidWorks【圆周阵列】操作特征工具。

（4）熟练掌握 SolidWorks【倒角】附加特征的建模方法。

4.3.2 实践内容

根据图4-29所示的主动齿轮零件图，建立齿轮的三维模型。

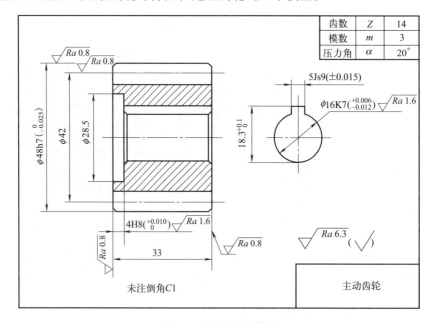

图 4-29　主动齿轮零件图

4.3.3 实践步骤提示

（1）新建文件。打开 SolidWorks 软件，选择【文件】—【新建】命令，出现"新建 SolidWorks 文件"对话框，在对话框中单击"零件"图标，单击"确定"按钮。

（2）选择基准面，进入绘制草图模式。先画出零件基体。在 FeatureManager 设计树中选择合适的视图基准面（建议前视基准面）作为草图基准面，单击【草图】工具栏上的【草图绘制】。绘制一个直径为42mm的圆。单击【退出草图】，完成草图1的绘制。选择【特征】工具栏中【拉伸凸台/基体】，设置拉伸距离为33mm，单击表示确认的对勾或回车键，生成齿轮基体。如图4-30所示。

（3）选择前表面作为绘制基准面。绘制直径为28.5mm的圆，退出草图，选择【特征】工具栏中【拉伸切除】，设置拉伸深度为4mm。

（4）选择切除圆柱的下底面为绘制基准面，绘制直径为16mm的圆。退出草图，选择

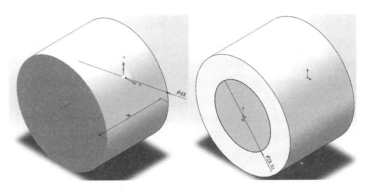

图 4-30　完成圆柱齿轮毛坯建模

【特征】工具栏中【拉伸切除】，设置拉伸深度为完全贯穿。同时被切除圆柱的上边线进行倒角 C1 特征，完成如图 4-31 所示。

（5）创建齿轮轮毂键槽。继续选择上一步骤的绘图基准面，绘制一个长为 20.60mm 宽为 5mm 的长方形，长方形中心与圆心重合，如图 4-32 所示。

（6）退出草图，选择【特征】工具栏中【拉伸切除】，设置拉伸深度为完全贯穿。完成切除键槽。如图 4-33 所示。

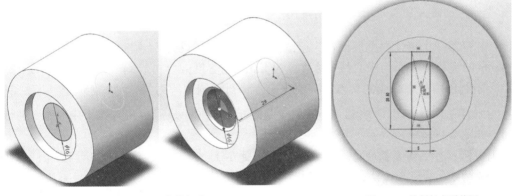

图 4-31　拉伸切除　　　　　　　　　　　图 4-32　绘制长方形草图

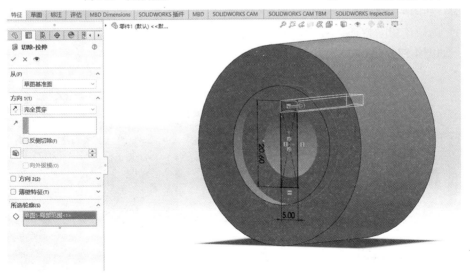

图 4-33　切除键槽

特别提示： 该处切除特征，可选中【所选轮廓】窗口选择需要切除的部分实体，以简化草图，达到快速建模的目的。

（7）进行轮齿的建模前，我们先对上下边线进行倒角C1的特征构建。如图4-34所示。

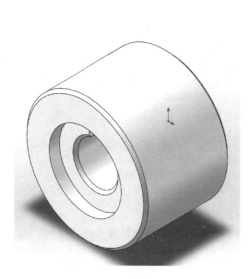

图4-34　倒角

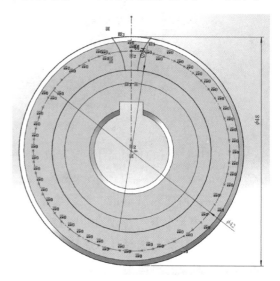

图4-35　绘制齿轮分度圆

（8）选择第一个特征的上表面作为绘图基准面。分别绘制直径为34.5mm的齿根圆、直径为48mm的齿顶圆和作为中心线1的直径为42mm的分度圆。再绘制一条竖直中心线2穿过原点。绘制出两条中心线的交点，并对该交点进行【圆周阵列】，个数为56个（齿数Z×4）。再用【样条曲线】 $\bigwedge$ ，绘制一条3个样点的样条曲线。最后再将其关于中心线2进行【镜像】。如图4-35所示。

特别提示： 齿根圆直径的计算公式为：齿根圆直径=分度圆直径−2×1.25×模数m；此处的轮齿齿槽的绘制为近似画法，用样条曲线代替渐开线。齿轮还可以用齿轮插件来绘制。

（9）退出草图，选择【特征】工具栏中【拉伸切除】，设置拉伸深度为完全贯穿，完成一个齿槽。如图4-36所示。

（10）选择该切除特征，对其进行【圆周阵列】。阵列个数为齿数14。即完成主动齿轮的建模。如图4-37所示。

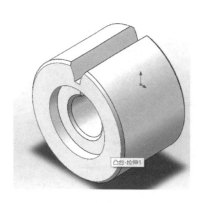

图4-36　完成一个齿槽

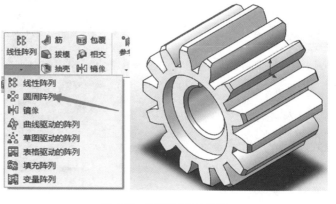

图4-37　阵列完成齿轮建模

4.4 实践项目4：SolidWorks齿轮油泵装配过程

4.4.1 实践目标

（1）掌握装配体的基本操作。
（2）掌握配合关系的添加和修改操作。
（3）掌握SolidWorks机械配合的操作。

4.4.2 实践内容

根据齿轮油泵各零部件实体模型和装配示意图（图4-38）进行装配。

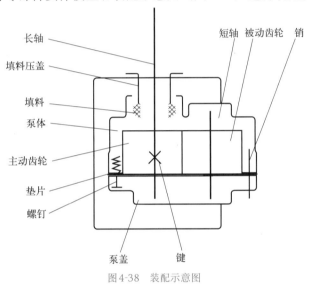

图4-38 装配示意图

4.4.3 实践步骤提示

（1）打开软件，单击【文件】—【新建】—【装配体】，新建一个装配体。如图4-39所示。

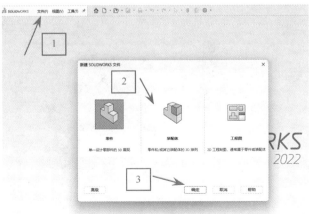

图4-39 新建装配体

（2）在左侧插入零部件位置单击【浏览】，在弹出的对话框里找到卧式油泵文件夹，找到泵体零件，单击【泵体】，单击【打开】，单击左侧"确定"按钮。如图4-40所示。

（3）插入长轴零部件：单击装配体工具栏里的【插入零部件】—【浏览】—【长轴】—【打开】，打开之后在绘图窗口中单击鼠标左键将长轴插入装配体中（图4-41）。

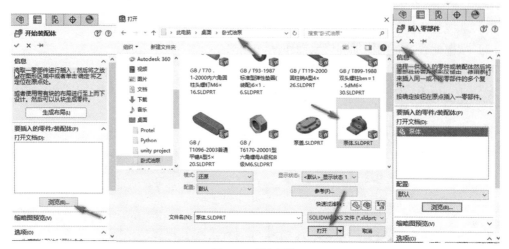

图4-40　插入泵体

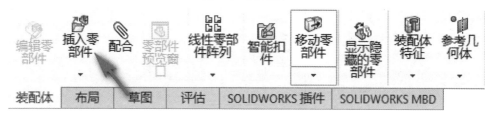

图4-41　插入零部件

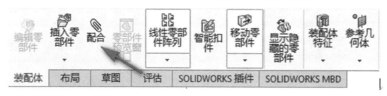

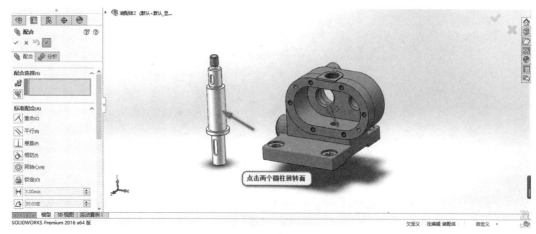

(a) 选择配合面

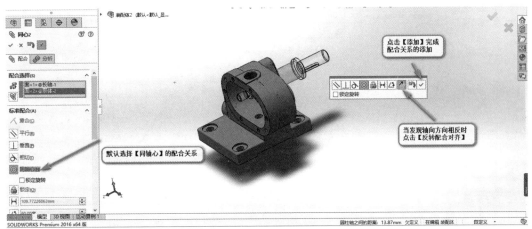

(b) 添加配合关系

图4-42　给长轴添加同轴心配合约束

（4）给长轴添加同轴心配合约束：单击装配体工具栏里的【配合】，单击长轴在轴向上的任一回转面与泵体对应安装位置的回转面，发现轴向方向相反点击【反转配合对齐】，单击【添加】完成配合关系的添加。如图4-42所示。

（5）给长轴添加重合配合约束：继续单击泵体与长轴轴肩对应重合的面，默认【重合】约束，单击【添加】，这样就完成了长轴的装配，接下来用相似的方式添加其它零部件与配合关系。如图4-43所示。

（6）完成其它零部件的插入与配合关系的添加：插入平键，添加与长轴配合的【同轴心】、【平行】、【重合】3个配合约束，将平键安装上去。如图4-44所示。

（7）插入主动齿轮，添加与泵体配合的【同轴心】、【重合】的约束，并添加与平键侧面配合的【平行约束】，使长轴能通过平键带动齿轮转动。如图4-45所示。

（8）插入短轴与从动齿轮，分别添加【同轴心】、【重合】配合关系。如图4-46所示。

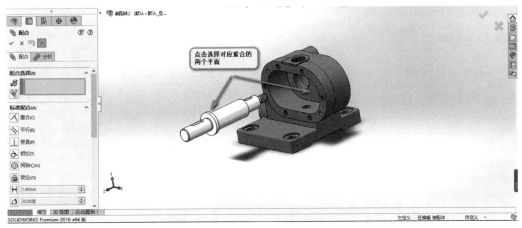

(a) 选择对应的重合面

图4-43

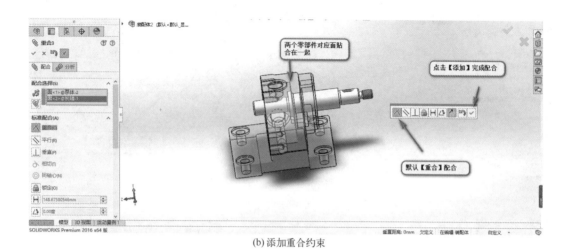

(b) 添加重合约束

图4-43　给长轴添加重合配合约束

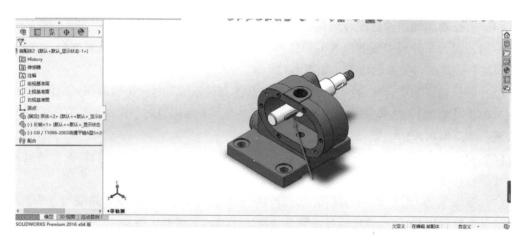

图4-44　安装平键

图4-45　添加主动齿轮及配合

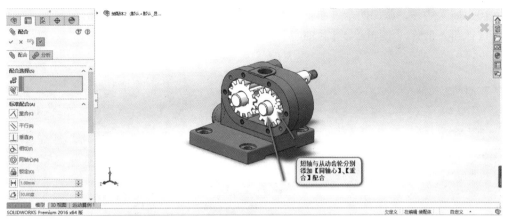

图4-46 添加短轴、从动齿轮及配合

（9）将主动齿轮与从动齿轮调整到没有干涉的位置，然后单击【配合】，下拉找到【机械配合】里面的【齿轮】配合，选择能够代表齿轮回转中心的回转面，修改齿轮的比率，单击【添加】，这样就给两个齿轮添加了齿轮配合约束，能通过主动齿轮带动从动齿轮转动，如图4-47。

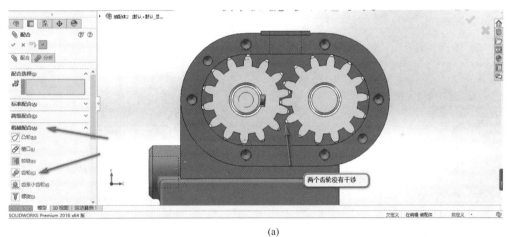

(a)

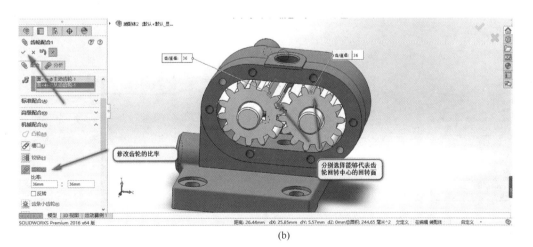

(b)

图4-47 添加机械配合—齿轮啮合

（10）插入垫片，添加两个【同轴心】和一个【重合】配合，如图4-48。

（11）插入泵盖，添加两个【同轴心】和一个【重合】配合，如图4-49。

图4-48　插入垫片及配合

图4-49　插入泵盖及配合

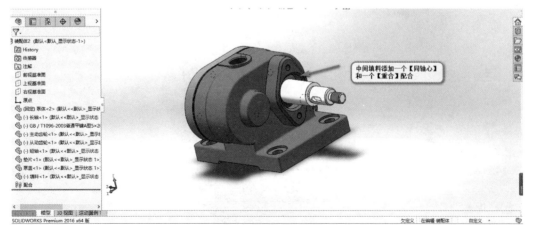

图4-50　插入填料及配合

（12）插入填料，添加一个【同轴心】和一个【重合】配合，如图4-50。

（13）插入填料压盖，添加两个【同轴心】和一个【重合】配合，如图4-51。

（14）插入螺栓，添加一个【同轴心】和一个【重合】配合。

（15）选择装配体工具栏里【插入零部件】下拉箭头里的【随配合复制】，选择螺栓，单击"下一步"，选择对应的螺栓的重合与同轴心对应的安装面，将第一个螺栓复制到其它相应的5个安装位置上。如图4-52所示。

（16）插入圆柱销，添加一个【同轴心】和一个【重合】配合，并用【随配合复制】安装对角的圆柱销。如图4-53所示。

（17）插入螺栓、螺母、弹性垫圈，添加【同轴心】、【重合】配合，并用【随配合复制】完成另一端标准件的装配，如图4-54。

图4-51　插入填料压盖及配合

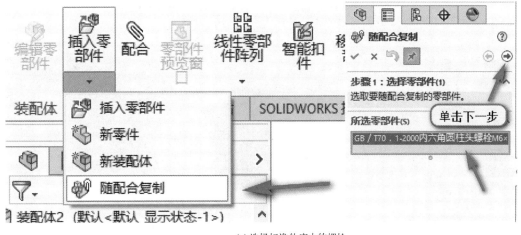

(a) 选择标准件库中的螺栓

图4-52

(b) 螺栓的配合

(c)【随配合复制】命令

图4-52　插入螺栓及【随配合复制】

图4-53　插入圆柱销并【随配合复制】

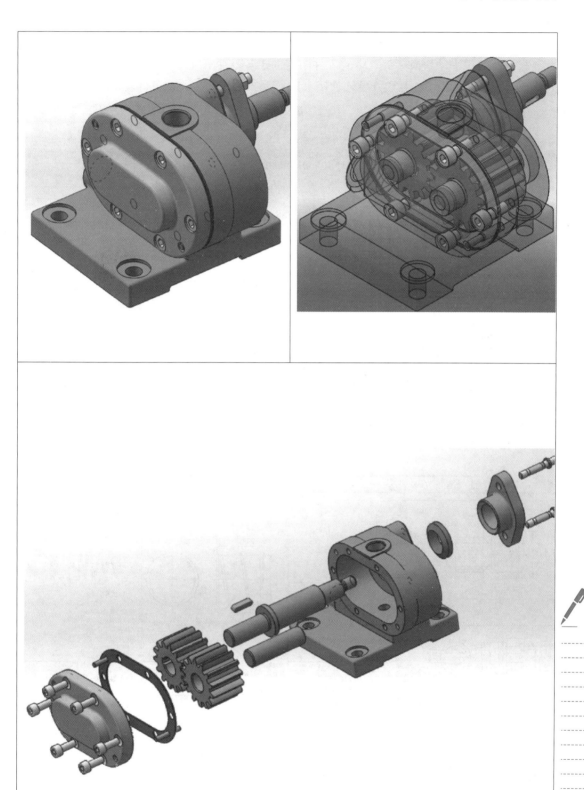

图4-54 完成装配体

根据所学知识，按要求完成下面作业（第十五届"高教杯"全国大学生先进成图技术与产品信息建模创新大赛 省赛题 机械类 计算机卷）。

根据所给"手动快换接头"中的零件图，创建各零件三维模型，将零件组装成装配体，并生成二维装配工程图，其中A型气管接头10需根据装配连接关系自行设计。

工作原理(参见如下简图)：

手动快换接头是一种主要用于空气配管、气动工具的快速接头，在使用过程中A型气管接头10插入座体1，用其端面顶开封闭塞7，实现左右气路导通，使用钢球3对接头10进行轴向固定，防止接头在高压气体作用下产生松脱，同时为防止气体泄漏，接头10与密封圈6形成密封。

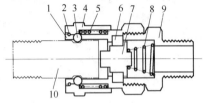

技术要求
1.零件安装前清洗干净，去毛刺；
2.装配后需检查，接口部件连接无卡滞、无松动。

10	A型气管接头	1	45	
9	B型气管接头	1	45	
8	宝塔弹簧	1	65	
7	封闭塞	1	45	
6	密封圈	1	橡胶	
5	复位压紧弹簧	1	65	
4	移动套	1	GCr15	
3	钢球	5	45	$S\phi3$
2	固定环	1	60	圆环$\phi1.2$
1	座体	1	45	
序号	名称	数量	材料	备注

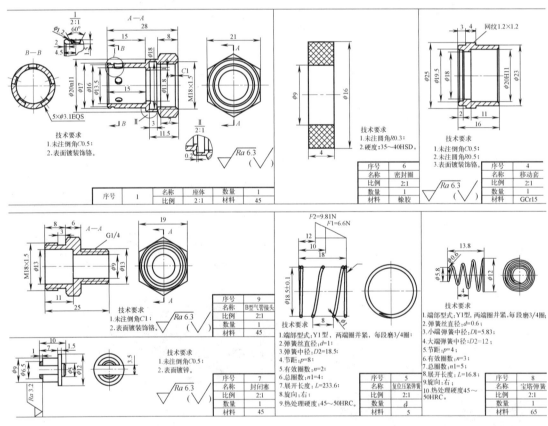

参 考 文 献

［1］ 北京兆迪科技有限公司. SolidWorks快速入门教程［M］. 北京：机械工业出版社，2019.

［2］ 魏峥. SolidWorks机械设计案例教程［M］. 北京：人民邮电出版社，2014.

［3］ 赵罘. SolidWorks 2019中文版机械设计从入门到精通［M］. 北京：人民邮电出版社，2019.

［4］ 郑晓虎. SolidWorks 2020机械设计教程［M］. 北京：机械工业出版社，2020.